设计的耦合——当代设计驱动创意产业的系统逻辑

崔俊峰　著

Wuhan University Press
武汉大学出版社

图书在版编目(CIP)数据

设计的耦合:当代设计驱动创意产业的系统漏洞/崔俊峰著.—武
汉:武汉大学出版社,2024.3(2024.12 重印)
ISBN 978-7-307-23844-2

Ⅰ.设…　Ⅱ.崔…　Ⅲ.设计—服务业—研究　Ⅳ.①TB21　②F719

中国国家版本馆 CIP 数据核字(2023)第 116900 号

责任编辑:周媛媛　孟跃亭　　　责任校对:牟　丹　　　版式设计:文豪设计

出版发行:**武汉大学出版社**　　(430072　武昌　珞珈山)
　　　　　(电子邮箱:cbs22@ whu.edu.cn　网址:www.wdp.com.cn)
印刷:武汉邮科印务有限公司
开本:720×1000　　1/16　　印张:14.25　　字数:223 千字
版次:2024 年 3 月第 1 版　　2024 年 12 月第 2 次印刷
ISBN 978-7-307-23844-2　　　定价:68.00 元

自　序

艺术设计的发展史是人类文明的镜像。纵观历史，从人类基本活动伊始，艺术设计便随之产生，多姿多彩的人类活动产生了千变万化的设计形态，从不同的侧面反映了所处时代的文化、科学、技术、艺术、观念等。现代设计随着工业革命的发展而兴起，包豪斯与作为其设计理念延续的德国乌尔姆设计学院的设计实践与教育探索，推动了现代设计的发展，对设计、艺术、科学三者关系发展的认知有着较大的促进作用。

产业的转型升级，有别于艺术超出其外的自由生长，设计耦合主要从系统论观点出发，从耦合层面的认知使艺术、科学、设计体系或者运动形式之间相互作用，彼此产生影响，协同产生增力，共同完成单一体系或不完全体系无法完成的任务，最终实现产业的升级。这样设计与科学、艺术耦合形成一个完整系统，建立适用于自身系统的逻辑论证与设计方法论。

现代设计发展中的英国工艺美术运动、新艺术运动、装饰艺术运动等风格与主义的发展，始终是以人为核心的物质需求与精神需求的探索，在此过程中有艺术观念的因子、形式法则、科技要素，而且彼此之间关联密切。在当代学术语境中，设计、艺术与科学三者的融合关系，是造物文明分合离散的结果。设计源于艺术，具有艺术指向，是智慧造物活动的融合，两者之间的关系不言而喻。一般认知层面，多认为设计等同于艺术中的美术，实际上两者有着较大差异。美术创作作为艺术家个人主观意识情感的外化与物化，对客体的认知情感是基于物质载体精神层面的创作行为，而优化"以人为本"的生产、生活方式的设计，直接或间接地揭示了人、物、环境、自然、产业、社会之间的关系，包含情感化、艺术化、伦理的因素等内容，设计、艺术、科学、产业已成为重要文化指向。

当下，在以资源消耗、加工制造为驱动的粗放型经济发展模式，向以创意、创新为核心的集约型经济发展模式转变的背景下，《关于推进文化创意和设计服务与相关产业融合发展的若干意见》的发布，首次明确了设计价值创新在国家社会发展大局与重大战略中的时代立场与价值取向，以及产业深层次发展变革中的社会责任与使命担当。

近几年，笔者在深圳、北京、郑州等地承担设计与产业相关的研究课题，并开展了系列实证调研与实践探索，愈发认识到两者的融合研究对当下设计与产业良性发展的紧迫性与重要性。本书以设计服务与相关产业融合形成的"设计驱动力"为主要研究对象，立足设计学科，融汇产业经济学、社会学、管理学、品牌学等学科理论，在工业化与信息化并行、"创意产业"发展新阶段，探讨"创意产业"与设计驱动力的内涵本质，以及两者组织结构关系与产业链空间中的演进规律，梳理分析"创意产业"中设计服务与设计价值链之间的思辨关系，构建出"创意产业"与设计驱动力理论基础研究框架与实践体系，为进一步深化创意产业中设计驱动力内核本质奠定基础。通过对深圳创意产业与设计服务业相关理论与实证调研分析，客观解析两者分离认识误区的表象、原因，反思设计服务在"创意产业"中内涵、价值、作用与伦理的思辨，探索设计与产业链融合，驱动"创意产业"创新发展的特征、路径、方法、模式等内容，创新性提出产业链与设计服务协同创新融合，构建"以设计为主导创意经济产业链"的理论模型。本书明晰并确立了设计创新与"创意产业"融合，深化"设计驱动力"的路径与机制：拓展"创意产业"与设计驱动力内涵，推动系统产业链、科技创新、管理创新、品牌创新、设计商业模式创新与设计创新融合，优化系统设计产业链，增强设计驱动力动能，提高设计驱动力效率，提升设计驱动力价值，促进设计驱动产业发展模式创新。此外，进一步结合政、产、学、研、用等维度，提出深圳设计服务驱动"创意产业"的系列"辅导计划"，综合提升深圳设计服务业与"创意产业"社会生态构建，向高效益化、高附加值、低能耗的产业转型升级目标迈进，对深圳未来设计服务业驱动产业，向专业化、集约化、品牌化方向发展，具有重要的理论价值与现实意义。

目　　录

第一章　设计·创意·产业

进入21世纪，随着社会经济的发展，传统资源消耗型产业结构发生了巨大的变化，促使主要依靠增加资金、人力、物力等生产要素投入量来提高产量或产值的粗放型经济发展模式开始向以创意、创新为核心要素的集约型经济发展模式转变。自1998年英国政府提出"创意经济"[1]概念以来，部分国家或地区将"创意"提升至国家发展战略层面，催生出新型产业形态——"创意产业"，形成了以创意为核心的产业组织形态和生产活动，逐渐成为理论研究与实践的前沿。

近几年来，国内众多城市正努力利用"创意产业之父"约翰·霍金斯提出的"创意经济"理论，试图给未来经济发展带来新的契机。一方面，"创意经济""文化创意产业""文化产业"成为当下流行语，并为此进行了一系列的探索实践，取得了一定的成效。但在经过游戏动漫热、创意产业园集聚区、文创衍生产品等短暂繁荣、膨胀式发展之后，我们不得不冷静地重新审视：

什么是创意产业？如何发展创意产业？创意产业存在的不足与局限性又是什么？路径与策略又是什么？

创意经济=创意产业？动漫=创意产业？创意园=创意产业？艺术品经济=创意产业？文创经济=创意产业？文旅地产经济=创意产业？

创意产业与先进制造技术创新相背离，当下空谈互联网思维、O2O、商业模式创新……这样的认知是否正确？

设计作为创意产业的重要内容，在新时期其内涵与外延、作用与意义是什么？

设计与产业之间的关系是怎样的？设计内驱力存在吗？设计驱动产业发展的内涵本质是什么？

…………

另一方面，就设计学科架构来讲，设计研究的主体是设计学三大板块，其

---

[1] 本书研究设计与产业融合形成的"创意经济""创意产业"，不是泛指一般意义上具体的产业发展类型，而是意指融合创新科技、经济、文化发展的新型经济形态，是传统产业发展高级进阶阶段表征的一种描述。

核心研究体系主要概括为设计理论（设计史论、设计美学、设计概论、设计批评）、设计实践（专业门类实践研究）和设计与产业（设计类型、设计管理、设计服务）"三大核心"（图1-1）。单就设计作品而言，如果不能进入产业价值链系统终端（产业部分），只能称为"艺术品"或工艺品。长期以来，设计与产业之间相关的理论与实践，作为建构设计核心研究体系的重要内容，存在一定程度上的滞后，未曾纳入设计核心研究体系的构建之中加以讨论，而设计行业与产业相关内容分离，必将失去设计在生产、生活中的价值与意义。

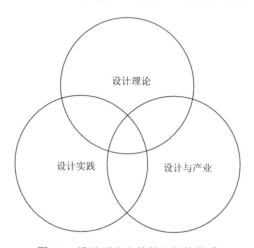

图1-1　设计研究主体核心架构体系

这一系列问题摆在我们面前，亟待解决。

当下，推动设计与产业融合发展研究的缘起主要有以下几个层面。

一、国家战略层面

国家"十四五"规划和2035年远景目标纲要从"主动设计""研发设计""工业设计""硬件设计""众包设计""城市设计"等六个方面多次提到"设计"，凸显国家战略层面对设计的重视程度。

中央经济工作会议明确提出："我们面临的机遇，不再是简单纳入全球分工体系、扩大出口、加快投资的传统机遇，而是倒逼我们扩大内需，提高创新能力，促进经济发展方式转变的新机遇。"[1]随着工业化和城市化的快速发展，人

[1]　2013年中央经济工作会议公报。

口、资源、环境约束不断加大，大力发展设计服务对解决产业结构调整、转变经济增长方式、提升自主创新能力、加速发展现代服务业、实现加工贸易的转型、提高国际分工地位等具有十分重要的作用。

在2014年1月22日的国务院常务会议上，议题之一是部署推进文化创意和设计服务与相关产业的融合发展，提出：文化创意和设计服务具有高知识性、高增值性和低消耗、低污染等特征，依靠创新，推进文化创意和设计服务等新型、高端服务业发展，促进与相关产业深度融合，是调整经济结构的重要内容，有利于改善产品和服务品质，满足群众多样化需求，也可以催生新业态，带动就业，推动产业转型升级。会议确定了推进文化创意和设计服务与相关产业融合发展的政策措施。[1]

将设计与产业融合的"设计+"，首次作为创新资源，从政策层面上升到国家战略高度，纳入经济和社会发展中考量，从具体举措上激发设计对产业、经济发展的驱动力，为各大城市"创新"文化核心价值实践奠定了理论基础，确立了指导思想，也为实施创意经济中设计产业链创新驱动力举措提供了强有力的政策依据。

二、产业经济层面

本书选取设计、经济、技术、产业具有代表性、综合性的深圳为样本。深圳作为改革开放以来建立的第一个经济特区，秉持"创新""敢为天下先"的精神，在经济、交通运输、社会事业等诸多领域取得了令人瞩目的丰硕成果。在看到深圳取得经济发展成就的同时，也应理性地看到：凭借高能耗、高污染、低端加工制造换来的高GDP，并不意味着高层次发展。长期依靠低端加工制造，由于土地、劳动力等生产要素价格上升，暴露出自身发展科技含量不高、产业附加值低、产能过剩、产业结构失衡、产业链不完备、供需关系不稳定等系列问题，严重制约着深圳产业、经济的进一步发展。经过四十多年的快速发展，深圳已经进入了改革的深水区，生产方式的创新变革使深圳原有经济、产业结构性矛盾日益

---

[1] 金元浦.三大设计之都引领中国创意设计走向世界 [J].中国海洋大学学报(社会科学版),2014(5):31-38.

凸显，经济、社会发展面临诸多挑战。美国金融危机引发全球经济衰退的"多米诺效应"，给深圳过度依赖出口贸易、低端加工制造、缺少自主知识产权及投资驱动的传统产业发展模式敲响了警钟，其原有经济发展模式亟待突破寻找新的增长点。

近年来，深圳试图通过"创意产业"来提振经济的新发展，兴建了一批创意产业园，制定了相关措施、政策，积极扶持相关创意产业发展，但我们应该理性地看待"创意产业"，关于"创意产业"的内涵界定还有待进一步探讨。我们在这里需要明确的是：并不是霍金斯提出了"创意经济"相关理论，而进入"创意经济"时代。创意经济所涵盖的电影、电视、广播、音乐、体育等产业内容，于霍金斯"创意经济"理论之前就已存在。可以说，创意经济是英、法等国在完成工业文明资本原始积累所带来的丰硕成果基础之上，在政府主导下提出的新发展模式，即由生产型发展模式进入消费型发展模式。发展创意经济作为经济发展的新动力，有其产业、时代背景缘由，创意经济从一产生就带有强烈的政治色彩。

三、深圳设计之都中设计与创意产业的发展层面

深圳作为一个文化多元性、创新性的新兴移民城市，依靠产业集群、科教强市、文化立市、人才兴市、民生稳市等方略政策，形成了符合深圳经济、社会实际发展的宝贵经验，具有推进创意经济发展的良好设计与产业基础。"当人均GDP达到1000美元时，设计在经济运行中的价值就开始被关注，当人均GDP达到2000美元以上时，设计将成为经济发展的重要主导因素之一。"[1]就深圳而言，2013年，深圳地区生产总值达14500.23亿元，比上年增长10.5%；人均GDP为22113美元，已经远远超出国际标准。[2]但实际深圳设计的发展却远远滞后于GDP的发展，现有GDP的增值很大程度上是依靠"量"的积累。2008年11月19日，深圳被联合国教科文组织授予全球第六个"设计之都"称号。"设计之都"设计产业"量"的集聚效应，对产业发展产生了一定的影响，使深圳拥有为数众多、影响全国乃至世界的设计精英与机构，但设计对产业发展"质"的隐形附加价值重

[1] 潘鲁生.传统文化资源转化与设计产业发展：关于"设计新六艺计划"的构想 [J].山东社会科学,2014(6):87~92.

[2] 资料来源：深圳市 2013 年国民经济和社会发展统计公报。

要的积极作用尚未得到真正有效的发挥。

从政府层面来看，深圳积极推动创意产业和设计服务与相关产业的融合发展，提升深圳的文化品位，培育市民的创新精神，营造全民参与的氛围，如深圳创意十二月系列活动等。同时，市下辖各区也根据自身产业特点，积极通过"创意经济"发展经济。其中，福田区逐步从资源密集型向智力密集型，从传统作坊型向品牌资本型转变；罗湖区通过"文博会"发展"创意经济"；南山区通过"文化+科技"深度融合新模式发展"创意经济"；盐田区通过旅游文化创意产业发展"创意经济"。

随着深圳产业转型与结构升级，新兴互联网数字技术的发展带动了设计内涵的更新与深化，对深圳设计行业提出了新的挑战及转型要求。设计服务的目标对象由"个人""企业"向"消费者""产业"融合转变，产业中的模块化、参数化等设计理念备受推崇；设计的工作方式由传统个人向更加注重团队的协同创新转变；设计的解决问题也由过去单一"点"状的商标/徽标、包装、海报等转变为以用户为导向的"线""团"为特征的系统综合解决方案（设计管理、品牌与视觉整合、创新产品开发、市场营销与推广、服务设计与场域规划等）。而当前深圳的设计发展，由于缺少完善的设计与产业融合、设计价值链等方面的系统理论与实践研究，因此设计与产业的发展存在相互制约等问题。一方面，好的设计成果在产业中得不到有效转化，设计的理论得不到有效的实践验证；另一方面，设计与产业相背离，产业发展急需设计、思维、管理、方法的助推。由于设计—制造—市场—品牌—服务等设计产业价值链的结构不完整，设计与产业链之间的发展严重滞后，最终阻碍设计与产业的协同发展。

设计的跨学科属性，集合了科技、人文、经济等多重要素。当下现代科学技术、手段的推动是设计的呈现方式，呈现出产品系统、服务、综合体验等多种形式。设计在产业中是生产生活价值与品质创新活动，是科技与人文相互融合的重要研究体系内容，也是驱动创意产业可持续发展的重要载体和形式。

设计旨在引导创新、促发商业成功及提供更高质量的生活，是一种将策略性解决问题的过程应用于产品、系统、服务及体验的设计活动。它是一种跨学科的专业，即将创新、技术、商业、研究及消费者紧密联系在一起，共同进行创造性活动，也将待解决的问题、提出的解决方案进行可视化，重新解构问题，使其作为建立更好的产品、系统、服务、体验或商业网络的机会，提供新的价值及竞争优势。设计是通过其输出物对社会、经济、环境及伦理方面问题的回应，旨在创造一个更好的世界。[1]

---

[1] https://wdo.org/about/definition/ 世界设计组织关于设计的定义。

第二章 设计与创意产业的"矛盾"互视

英国在1998年将创意产业定义为：源于个人创意、技能及才华，通过知识产权的开发和运用，具有创造财富并增加就业潜力的行业。在英国政府的大力宣传和积极扶持下，创意产业已成为英国产业经济强劲上升趋势新的增长点。[1]2005年《考克斯评估》的出现，引发了学者们对"创意经济泡沫狂欢"的反思，重新客观审视"创意经济"理论深层次的本质内涵，同时，也暴露了传统设计局限于设计专业范畴内的史论、技法研究，而忽视对产业的内在驱动，以及设计与相关产业融合的探索研究。因此，选取创意经济下设计与产业的融合为研究课题，对新的历史发展时期利用设计服务创新、推动当下产业转型升级与获取综合竞争力、获得可持续发展具有较大的理论意义与实践意义。

第一节 创意产业求索的"曲"与"直"

"创意经济"是在经济全球化、消费型社会背景下提出的，与以往经济理论不同，"创意经济"或"创意产业"是直接将个人的创造力置于创造市场财富的首要位置，强调"创新"对经济推动的新兴理念、思潮和经济实践。因而，"创意经济"也被视为"创新需求"的经济、"文化"的经济。"创意经济"理论一经提出，就成为众多国家、地区追捧的新型经济发展模式，但霍金斯提出的"创意经济"理论作为"创意经济"的理论原型，却局限于与文化、经济相关的具体产业发展类型，片面地夸大了创意经济产业的性质及涵盖范围，所产生的"创意经济引领价值"被无限夸大，并机械地将创意、文化与财富对接，对"文化""创意"或"经济"是祸是福，还须作进一步深思。

诸多国家、地区盲目发展"创意经济"，却忽视了自身的历史文化、产业基础、经济状况、阶段发展重心等问题，再加上部分知名专家学者、意见领袖对

---

[1] 祝帅，郭嘉.创意产业与设计产业链接关系的反思[J].设计艺术研究，2011, 1(1):19—24.

"创意经济"的曲解及过度鼓吹、造势,使"创意经济"的内涵迅速膨胀、解构。经过近些年的发展,"创意经济"俨然演变成了娱乐经济、消费经济、创意园地产经济等的代名词。有一些商家借着"创意经济"发展地产经济,营造出"创意经济"繁荣的假象。文化创意产业对文化传承、精神文明建设仍没有实质性提高。此等"创意经济"能否成为国家、地区经济的主导力量?我们国家、地区经济是否真正到了依靠发展视听、娱乐经济,以及旅游、演艺、游戏、休闲消费、地产经济阶段,而放弃提振国家核心竞争力的工业先进制造生产、生活、物质生产能力阶段?如果答案是否定的,那么结合自身实际发展情况,针对当下创意经济现实理论、实践,以客观、冷静的态度,反思创意经济理论的空白及疑点,探讨创意经济本真属性与科学认知,无论在理论层面还是实践层面都具有较强的理论意义和实践意义。

自改革开放40多年来,设计在深圳的快速发展过程中功不可没,深圳成为国内首个取得世界"设计之都"荣誉称号的城市。同时我们也应清醒地认识到,在新的经济形势下,深圳设计服务驱动产业发展尚处于低层次水平,与产业融合的相关理论及方法实践有待进一步加强。

随着产业发展、生产方式的变迁,深圳设计服务与产业之间的关系,也从单一"点"与"点"之间的个体对象服务,逐渐转向"面"与"面"交织的系统、整体、综合解决方案,与产业中"系统产业链"的关系更加紧密。未来在设计与产业的探索融合研究中,通过"产业链"集聚效应进行跨领域、跨界交流,将设计、思维与产业中的生产、制造、流通、销售、传播、消费等环节相融合,优化高效、快捷设计产业价值链供求关系,提升产业的协同创新能力,促进异业跨界合作,辅导产业链向高附加价值的开发模式转型,提升深圳制造业的市场竞争力,从而发现传统产业升级转型的新契机。而跨设计与产业之间建立沟通,将成为设计与产业相关理论、实践方法研究的最大挑战。

工业革命以来,由于产业分工的深化,产业制造、营销……系列环节与设计、创意环节相分离,社会物质生产、设计、销售等环节相互间联系缺失,甚至失控。一般而言,设计作为产业的一个独立环节存在,两者分属于不同领域,但在实际生产、生活中两者却是相互交织、不可分割的。设计作为产业的一部分，设计与产业之间的融合研究，长期以来被机械地割裂，造成对产业发展与设计的原点、目的、方式、方法等的区隔模糊认知。结合经济学领域的创意经济内核探索研究，以设计为主导的"创意经济"研究，通过设计与产业的融汇，以设计思维、设计管理带动产业链的科学、有效运转，将设计的力量融入整个产业的战略决策层面，对产业中企业策略制定、品牌思维建立、产业附加值升级、营销推广、协助传统产业解决所面临的问题，以及开拓有别于以往研究的创新领域，具有积极的意义。

在产业链条中，设计不是独善其身的个体文化产品。设计作为服务于消费者的重要工具，其核心问题并不在于创意，而是与消费者之间沟通的工具，以及为消费心理、行为提供正确、合理引导的重要辅助手段。设计乙方（平面设计、包装设计、产品设计等）为甲方提供服务，往往被错误地认为是通过设计为产品、宣传等做最后环节的美化，成为营销传播的"面子工程"。长期以来，由于对设计对象原点、终点缺乏客观、系统、理性的认知，设计服务增效往往事倍功半，处于被动状态，处于可有可无的尴尬境地，并没有发挥设计在产业中的重要作用。以设计为主导的创意经济产业链，对纠正我们当下在发展设计与产业两者之间存在的误区，优化产业结构、生产、生活，重塑产业链中设计的作用与意义，带动整个产业的良性发展，并使之成为提升中国制造向中国创造的新引擎，具有重要意义。

第二节　设计·创意产业的演进交锋

从传统意义上来讲，设计是美术专业的衍生品——实用美术，有其时代的局限性。设计学科多从艺考开始，树立对事物观察的审美、意识等思维模式。设计作为实用美术，有其时代性、阶段性。随着产业经济的发展，设计的形式与内容呈现出新的需求和变化，从而不断衍生出新的内涵与外延。设计过度拥抱艺术，甚至在业界存在一种设计艺术的认知范畴，任何事物的发展极致都可以成为"艺术"。但是，单纯的感官艺术并不能成为设计的全部。缺少了理性逻辑与其他学科的交叉融合，以至于设计成为在产业外的游离状态，与产业链表现为失和的状态，造成了设计行业的迷失与彷徨。从产业经济视角来看，重制造、重加工造成的与设计的分离，以至于产业发展形成停留在各自领域各说各话的现状。

一、产业经济中的创意产业理论

国外对"创意经济"理论的研究，主要以约翰·霍金斯（John Howkins）、理查德·弗罗里达（Richard Florida）、理查德·凯夫斯（Richard Caves）的理论研究为代表。

2003年，约翰·霍金斯在《创意经济——好点子变成好生意》[1]一书中，较为系统地介绍了创意经济的内涵、概念，着重从创意经济创造力、政策、企业经营与管理、创意产品、数码科技方面展开论述，指出13个创意产业的范畴，包括广告、建筑、艺术、工艺品、设计、时装、电影、音乐、表演艺术、出版、研发、软件、玩具和游戏。[2]霍金斯认为每个人都能把创造力当成自己主要的资产，可以变成经济活动，产业的增长不再依赖旧式的原物料，而愈发依赖无形的资源，可以从抽象到实用或从概念到产品的转换，发展"创意经济"注重专利、商标、设计、智慧财产四项内容。霍金斯"创意经济"理论中经济效益的

---

[1]　约翰·霍金斯. 创意经济：好点子变成好生意 [M]. 李璞良，译. 台北：典藏艺术家庭股份有限公司，2003.
[2]　金元浦. 论创意经济 [J]. 福建论坛（人文社会科学版），2014(2):62–70.

产生，从浅层次上可以理解为将批量化、规模化创意、艺术、文化与市场的直接对接。

理查德·弗罗里达在《创意阶层的崛起》一书中，以美国为例，将美国社会划分为农业阶层、工业阶层、服务业阶层和创意阶层，详细阐述了创意阶层的发展对我们的工作方式、价值观及生产、生活等基本架构产生的巨大影响。弗罗里达认为只有创意才能够使从事任何职业、角色的人成为新生社会阶层——"创意阶层"中的一员。[1]

被誉为"创意产业第一理论权威"的理查德·凯夫斯在《创意经济产业经济学：艺术的商业之道》一书中认为，针对工业主流生产，提出"创意产业提供的商品和服务所具有的文化价值、艺术价值或者单纯的娱乐价值"[2]，并将创意产业划分为图书、杂志印刷业、视觉艺术（油画与雕刻）、表演艺术（戏剧、歌剧、演唱会、舞蹈）、有声唱片、电影、电视、时装、玩具、游戏等领域[3]。笔者认为：凯夫斯敏锐地注意到了精神生产不同于物质生产的特殊产业规律，但没有将信息技术创新纳入创意产业认识中，就将创意产业过度地限定于娱乐消费产业，认识层面属于创意产业的初级阶段认识，与创意产业本质认识相去甚远。

"哈特利和布里斯班在《创意产业读本》中将创意产业划分为不同层次的几个阶段：一是产出集群……十几种各不相同但都依赖于个人创造性的产业被聚集在一起，这些产业包括电影、电视、出版、建筑、设计、软件和电脑游戏及表演艺术；二是创意投入，即创意作为一种投入，进入其他产品和服务；三是消费者协同创作及用户引导创新，数字互动技术使得非职业人士和普通消费者参与创新成为可能。"[4]霍金斯创意产业范畴的认知属于创意经济的初级阶段，而最突出特点的第三阶段是创意经济的高级阶段。

面对全球化经济，英国过度依赖创意产业，造成制造业的萎缩，中国、印度等发展中国家则表现出日益增强的制造业及创意产业实力。英国设计委员会于2005年提交的《考克斯评估》是对设计和产业未来发展的调查、评估、问题分

[1] 理查德·弗罗里达.创意阶层的崛起[M].司徒爱勤，译.北京：中信出版社，2010.
[2] 刘颖.中国文化创意企业创意效率研究[D].北京：中国矿业大学，2015.
[3] 理查德·E.凯夫斯.创意经济学：艺术的商业之道[M].孙绯，等译.北京：新华出版社，2004.
[4] 祝帅，郭嘉.创意产业与设计产业链接关系的反思[J].设计艺术研究，2011，1(1):19-24.

析……英国率先提出的对创意产业发展方针的反思，也是当前对"创意经济"研究实践为数不多的质疑声音，但并未引起学界、业界的重视。

"创意经济"作为舶来品，早先国内比较系统、全面的相关研究较少。但近几年，随着"新财富梦"的流行，创意产业相关理论在国内引发热烈讨论，被推上了舆论巅峰。

（1）在学术论著研究方面，笔者通过创意经济主体检索，共查找到论著272部（截至2023年9月），在选取国内引用率较高的论著进行研究分析后发现，目前国内关于"创意经济"的研究，总的来讲，从经济、产业角度，多以创意经济内涵、定位、政策研究、意义等宏观理论层面为主，同时也存在一定程度上研究内容泛化、领域重叠率较高、理论缺少联系实践、深度不够等问题。

其中厉无畏所著的《创意产业导论》[1]、《创意改变中国》[2]、《创意产业——城市发展的新引擎》[3]、《对我国文化创意产业发展的再思考》[4]等，对创意产业的研究重心主要从产业经济学角度加以审视，并以创意产业的特征、内涵、组织形式、市场化表现、商业模式、内外部环境，以及各地区发展创意产业的实践与经验总结等为主要研究内容，进而构建出以创意产业为研究主体的产业经济学理论研究体系。金元浦的《文化创意产业概论》[5]和《创意时代——建设面向未来的创新型国家》等著作，多注重文创产业实践的理论性，从宏观上总体把握，对当代文化创意产业发生、发展的理论基础、历史背景、思想源流、产业构成、重点论域和未来趋势做出扫描、分析与透视。厉无畏、金元浦有关文化创意产业的系列理论论著也成为国内研究"创意经济"必读的基础理论。

在张京成主编的《中国创意产业发展报告（2013）》[6]中，对中国创意产业发展中的16个城市，从环境、现状、进展、热点、趋势等宏观层面进行了总结。例如，沈阳提出"文化科技双轮驱动，引领产业转型升级"；常州提出"文

[1] 厉无畏.创意产业导论[M].上海：学林出版社，2006.
[2] 厉无畏.创意改变中国[M].北京：新华出版社，2009.
[3] 厉无畏，王如忠.创意产业：城市发展的新引擎[M].上海：上海社会科学院出版社，2005.
[4] 厉无畏.对我国文化创意产业发展的再思考[J].上海经济，2010(Z1):8-10+4.
[5] 金元浦.文化创意产业概论[M].北京：高等教育出版社，2010.
[6] 张京成.中国创意产业发展报告(2013)[M].北京：中国经济出版社，2013.

化和科技融合，助力创意产业发展"；杭州提出"文化点亮科技，科技助推文化"……笔者从上述文献总结中发现，国内城市争相发展创意产业，城市创意产业发展方略大同小异，整体研究较为宏观、理论探索缺乏联系实际、发展定位模式单一等问题凸显。各地区发展创意经济，由于忽略了不同区域自身产业环境与文化、社会等综合资源条件，存在"一刀切""跟风"现象。我们在这里需要明确的是：西方发展创意产业的经验，由于所处"土壤""气候""条件"较我国存在诸多差异，似乎没有太多复制的可能性。

同时，笔者就我国台湾地区开展创意产业理论实践也做了相关调研分析，发现台湾地区对创意产业理论联系实践研究转化较为务实。其中由夏学理、杨敏芝在总结台湾创意产业园区理论与实践中，结合台湾地区自身文化、产业资源实际情况，发展文化创意产业，着重分析适合台湾地区发展的文化创意产业定义与思潮、发展脉络，以及对台湾地区文化创意产业特性及台湾地区新市场结构、发展政策、产业架构、产业链及群聚效益分析等，进行了深刻的比较论述及精辟的分析。夏学理主编的《文化创意产业概论》一书中，对文化创意产业做总括性介绍，其余各篇则从"基础产业"的角度出发，选择以表演艺术产业、视觉艺术产业及生活美学产业等作为此书铺陈的主体，再佐以韩国、日本、泰国等地发展文化创意产业的实际案例，如日本的动漫游戏（ACG）产业等。[1]财团法人国家文化艺术基金会策划出版的《文化创意产业实务书》一书提出，政府层面为文化创意产业范畴定义的第一阶段，从不同的角度，对台湾地区工艺产业、创意生活产业、地方特色产业、表演艺术产业、文化展演设施产业、视觉艺术产业等文化创意产业进行调查，结合各个案例实地走访，编录成册。

从整体来看，台湾地区文化创意产业从理论研究、方法实践等的探索，到结合自身文化、经济、资源等特点，已经逐渐形成了适合自身创意产业发展的模式。

（2）在学术文献方面，以创意产业为主题共检索到24159条相关记录（截至2022年3月）（表2-1）。

---

[1]　夏学理.文化创意产业概论 [M].台北：五南图书出版股份有限公司，2008.

表2-1　创意经济现有文献概况及主要研究领域

数据库	记录数/条	时间跨度	主要研究角度
博士学位论文	419	2006—2022 年	竞争力研究、风险管理、城市发展、产业聚集区、政策研究、创意城市、创意产业经济效应、创意产业园集聚区、创意产业组织等
硕士学位论文	640	2002—2022 年	旅游产品开发、广告、娱乐营销、体育产业、资本市场、消费研究、人才培养、动漫产业、价值链、创意市集、新媒体艺术、地方文创等
学术期刊文献	23100	1997—2022 年	政策效果、区域城市、科技创新、人力资本、创意城市、业态研究、公共政策、模式研究、旅游创意经济、竞争力比较分析、经济区建设等

　　利用知网文献检索显示可以看到，相关创意产业的理论研究经历了认识、发展、繁荣、反思的过程（图2-1）。

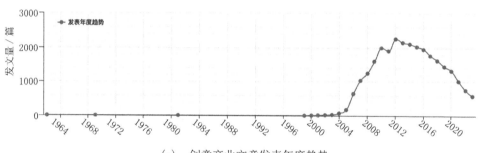

(a)　创意产业文章发表年度趋势

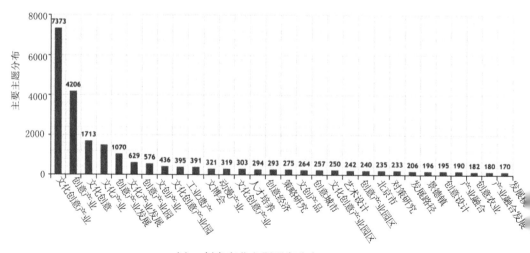

(b)　创意产业主题研究分布

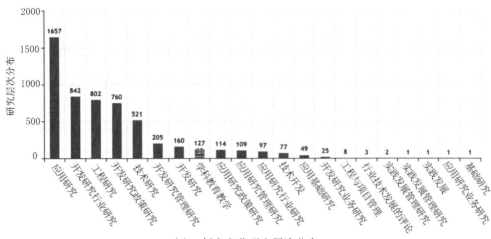

（c） 创意产业研究层次分布

图2-1 创意产业总体文献研究趋势分析

（资料来源：知网数据资料）

从学术期刊中选取研究方向、观点较为相近的，并最具有代表性的文献进行分析。其中厉无畏在《创意产业促进经济增长方式转变——机理·模式·路径》[1]一文中提出，"在分析创意产业兴起的背景基础上，探讨创意产业与经济增长方式转变及其内涵的关系，进而分析创意产业促进经济增长方式转变的内在机理、模式和路径"[2]；厉无畏《对我国文化创意产业发展的再思考》一文在国际金融危机背景下，分析我国发展文化创意产业的重要意义、国外文化创意产业发展的有关情况及鼓励措施[3]；兰建平等在《创意产业、文化产业和文化创意产业》一文中提出，"文化产业和创意产业属于两个概念，但是两者包含的行业内容具有较大的重叠性"[4]，"'文化创意产业'是'文化产业'和'创意产业'的总和，是传统文化和现代文化的融合，也是文化和科技的融合"[5]；洪涓等的《北京与伦敦文化创意产业发展比较研究》采用对比方法对北京与伦敦的文化创意产业发展情况进行了研究，明确了北京同伦敦相比存在的优势与不足，并给出

[1] 厉无畏，王慧敏.创意产业促进经济增长方式转变：机理·模式·路径 [J].中国工业经济，2006(11):5-13.
[2] 上海市社会科学界联合会.全球化与中国经济：创新·发展·安全:上海市社会科学界第四届学术年会文集（2006年度）经济·管理学科卷 [M].上海:上海人民出版社，2007.
[3] 厉无畏.对我国文化创意产业发展的再思考 [J].上海经济，2010(Z1):8-10+4.
[4] 兰建平，傅正.创意产业、文化产业和文化创意产业 [J].浙江经济，2008(4):40-41.
[5] 兰建平，傅正.创意产业、文化产业和文化创意产业 [J].浙江经济，2008(4)40-41.

相关建议[1]；田少煦和孙海峰在《创意设计的发展走向与核心竞争力》一文中提出，"'创意设计'具有精神文化和物质文化双重属性，它既是文化创意产业的重要组成部分，又是工业产品、人居环境、沟通等中间服务环节，更是工业产业创新的重要来源，文化语境下的设计业应该是'两种文化'紧密结合的产物，它的工具性和本体性形成了现代城市文化中设计的两种形态，'创意设计'把创意与创新作为自己的立足之本，建立由设计实践与设计理论共同构筑的设计生态系统"。[2]

从现有研究成果中可以看出，"创意经济"已经成为跨越经济学、管理学、传播学、广告学、美学等多学科的综合概念。从传统的、单一的经济学角度理解、认知和构建"创意经济"的观念与方式，已不足以应对新的市场局势与企业发展模式，同时，也暴露出设计作为"创意经济"的重要内容，学界、业界关于设计与产业的研究严重滞后的问题。

二、设计·创意产业·产业链的理论

设计与产业融合作为新的理论研究领域，在这一方面的研究尚处于起步阶段，因此，可供查阅的文献资料、实证资料较少。笔者将"创意经济"中设计与产业解构为设计、产业链两部分，以"设计"为主题检索关键词，共检索到7428480条相关记录，其中，博士论文131823篇，硕士论文1172792篇，学术期刊论文4984925篇；以"产业链"为主题检索关键词，共检索到80966条相关记录，其中，博士论文962篇，硕士论文3317篇，学术期刊论文27576篇（截至2020年3月）。"产业链"作为各产业部门之间基于一定的技术经济关联，是在消费升级、产业升级的大背景下应运而生的，其核心是以消费者为导向。学界目前对产业链的研究，多集中于制造业、农业、物流、工商管理、通信、交通、经济学、管理学等行业领域，并以产业集聚、供应链、价值链和产品链为主要研究内容。设计与产业链之间的方法论、认识论在研究方面内容存在一定的缺失。

从检索到的文献中选取研究方向、观点较为相近，且较具有代表性的文献进

[1] 洪涓，刘更生，孙黛琳，等. 北京与伦敦文化创意产业发展比较研究 [J]. 城市问题，2013(6):38-41+61.
[2] 田少煦，孙海峰. 创意设计的发展走向与核心竞争力 [J]. 深圳大学学报（人文社会科学版），2010,27(3):137-141.

行分析。祝帅等在《创意产业与设计产业链接关系的反思》一文中着重谈到,针对创意产业的兴起,设计界的学者和从业人员在创意产业理论研究较少的情况下对新媒体环境下设计产业的升级和发展若干启示进行了研究。[1]此文献对笔者的研究在一定程度上具有较大的启发意义。祝帅还在《当代设计研究的范式转换——理论、实务与方法》中谈到,从设计业传统定位于服务业的服务模式朝着文化创意产业新阶段的升级指出,当今设计研究正在经历一次大的转型,面向现代文化产业、创意产业的设计产业研究正成为学界的新问题和新任务;立足于设计学学科建设,从理论、实务、方法三个层面,论述当代设计研究这种范式转换的意义及其途径。[2]郑斌在《当代中国艺术设计产业链发展现状及特点》中指出:当代国内设计产业链的形成较晚,但结构较完善,规模庞大,发展过程中存在诸如上下游产业间缺乏互动、人才教育产业盲目发展、服务产品单一、行业结构脆弱等问题。[3]柳冠中在《原创设计与工业设计产业链创新》中谈到工业设计不是一门技术,而是一种方法,是一种横向职业,是一种生产关系,将工业设计推到社会上,工业设计建立产业链关系重要性的观点,并提出"原理研究—样机实验—细节设计—生产转化—成果推广"的产业链体系[4];其又在《急需重新理解"工业设计"的"源"与"元"——由"产业链"引发的思考》中回顾了设计理论、设计行业、设计实践与设计教育的变迁,并梳理出相对清晰的脉络,认为设计是以"人为主体有目的活动的社会过程"。[5]

许平在《创意城市与设计的文化认同——关于设计与创意产业发展政策的断想》中谈到"从'企业文化设计'到'社区营造'设计的延伸、从'设计产业'到'创意产业'的转向"[6],并探讨了中国当代设计的价值与方法等问题。李一舟和唐林涛的《设计产业化与国家竞争力》从国内外案例的梳理和借鉴出发,以全球视角分别从时间结构、物理结构、经济结构和逻辑结构来探讨和挖掘各国的成功经验,同时对照我国现阶段国情提出适合我国语境的操作方式框架,对我国

[1] 祝帅,郭嘉.创意产业与设计产业链接关系的反思 [J].设计艺术研究.2011,1(1):19-24.
[2] 祝帅.当代设计研究的范式转换:理论、实务与方法 [J].美术研究.2013(2):47-51.
[3] 郑斌.当代中国艺术设计产业链发展现状及特点 [J].中国包装.2014(3):27-28.
[4] 柳冠中.原创设计与工业设计产业链创新 [J].中国制造业信息化:应用版,2008(22):44-48.
[5] 柳冠中.急需重新理解"工业设计"的"源"与"元":由"产业链"引发的思考 [J].艺术百家,2009(1):99-108.
[6] 许平.创意城市与设计的文化认同:关于设计与创意产业发展政策的断想 [J].南京艺术学院学报,2007(1):29-33+161.

设计产业整体发展布局和提升国家竞争力的相关举措提供了一定借鉴。[1]潘鲁生在《传统文化资源转化与设计产业发展——关于"设计新六艺计划"的构想》中，以山东设计与产业为研究蓝本，主要谈到"设计新六艺"计划，确立设计领域资源转化、人才培养和产业服务的行动计划，对完善设计产业发展做出了理论探索。[2]石晨旭、祝帅在《平面设计产业竞争力研究的学科内涵与理论框架》中从产业经济学的角度，结合波特钻石模型等理论探讨我国平面设计产业竞争力的理论范畴与研究方法。[3]王敏和周举在《设计，改变的力量——2011深圳设计论坛暨设计邀请展于深圳举行》中，主要以"设计——改变的力量"为主题，从设计产业升级的核心动力、创意产业的现实与愿景、后工业消费时代设计的应对、创新设计人才培养模式及转换、设计领域的跨界与融合、设计理论研究视角之变化等多个方面切入，分析当下、展望未来，研讨设计艺术发展未来的新路径、新方向。[4]杨志、黄维在《深圳市创意设计产业发展现状与对策研究》一文中结合深圳市政府、企业、设计机构和创意设计产业园的发展现状，分析了深圳创意设计产业发展中存在的四个突出问题，提出设计就是产业核心竞争力，发展深圳创意设计产业是实现深圳"文化立市战略"，带动深圳企业走自主创新，建立属于深圳制造业自主知识产权之路的重要战略举措。[5]

就目前研究总体来看，针对创意经济的研究范围从传统"创意"本身，逐渐开始延伸到以"创意为中心"的相关经济形态与产业组织、活动层面，如"创意产业""创意资本""创意阶层""创意集聚"等领域。国内对"创意经济"的认识出现了一边倒的趋势，对霍金斯"创意经济"理论的曲解造成除制造业之外，所有行业都成了"创意经济"的附属产业。创意经济概念的无限泛化，逐渐成为无所不包的"超级概念"。而创意经济中强调的知识经济，却在产业链上、中、下环节中处于低层次发展阶段，"几乎没有形成多少可以对经济现实，产生实质性影响的理论进展，各种研究报告或机构宣言的GDP承诺，非但无助于'创意经济'内涵实质

[1] 李一舟，唐林涛.设计产业化与国家竞争力 [J].设计艺术研究，2012,2(2):6-12+26.
[2] 潘鲁生.传统文化资源转化与设计产业发展：关于"设计新六艺计划"的构想 [J].山东社会科学，2014(6):87-92.
[3] 石晨旭，祝帅.平面设计产业竞争力研究的学科内涵与理论框架 [J].设计艺术研究，2011(4):79-84.
[4] 王敏，周举.设计，改变的力量:2011深圳设计论坛暨设计邀请展于深圳举行 [J].艺术教育，2012(1):17-18.
[5] 杨志，黄维.深圳市创意设计产业发展现状与对策研究 [J].艺术百家，2010(1):7-11+174.

的探索，反倒越来越多地引起人们的质疑"。[1]

总的来说，对于国内创意经济现象的分析存在一定的局限性，探索发展创意经济的理论与实践、策略较为单一且存在诸多问题。例如，产业逻辑失调；基本的价值与文化定义的创意经济概念模糊、混淆；夸大创意经济的战略导向[2]；设计产业链的研究缺失；理论整体没有结合我国产业基础、阶段发展重心等实际情况；将创意经济泛泛理解为发展文化产业（如新闻、出版、广播、电影、电视、动漫、文化艺术服务、文化休闲娱乐等娱乐、消费产业）。又如，对创意经济概念的肤浅、泛化理解，将创意经济主要表现形式的文化相关产业等同于创意经济，错误地将创意产业等同于消费、娱乐经济。此外，关于创意产业的部分研究则依旧停留在政策、意义等宏观理论层面，若隐去地域范畴，各地区发展创意产业理论指导与实践的方法、路径如出一辙，大多停留在影视、娱乐、消费、产业园区地产、展会等文化消费娱乐经济层面，与创意产业的实质内涵相去甚远。笔者认为创意产业的发展，应根据地域的自然资源、文化资源、产业经济基础等特点，因地制宜、因时制宜地践行创意经济的深刻内涵，而不应停留在空泛的理论上，创意经济的相关学术理论实践研究有待进一步落地。

同时，相关理论也存在对设计、创意产业与广告产业之间关系、概念认定模糊不清的问题。从知网检索中可以看出，有关创意产业的国内研究起始于2003年，时至今日，设计业依然被认为是创意产业与广告产业的附属范畴。同时，亦存在设计与艺术之间关系认定模糊等问题。国际平面设计联盟在会议上呼吁从业者共同思考一个问题——平面设计师自身的从属问题，是自由创作的艺术家，还是致力于解决问题的科学家？

传统设计研究重心多集中在三个方面：一是设计历史与理论的研究范畴；二是设计应用研究；三是通过设计做研究或通过研究做设计。从中可以发现，基于传统设计视角的研究较多，部分设计实践研究也多以具体设计对象点状展开；

[1] 许平.关于"创意经济"战略的再思考 [J].设计艺术研究，2011(4):1-11.
[2] 许平.关于"创意经济"战略的再思考 [J].设计艺术研究，2011(4):1-11.

对于系统的设计与产业研究理论与实践，停留在设计驱动创新的概念与意义等层面；设计与产业融合缺乏系统性、实证性的规律、原理总结，以及对设计驱动创新、影响产业绩效与提高竞争力机理与路径的研究较少。产业与设计两者之间的关系本是密不可分的，设计学界与业界在设计和产业融合方面的研究实践却较少涉及，为学界及业界所忽视，设计与产业融合的相关研究理论作为理论研究的新领域，有待进一步丰富、完善（图2-2）。

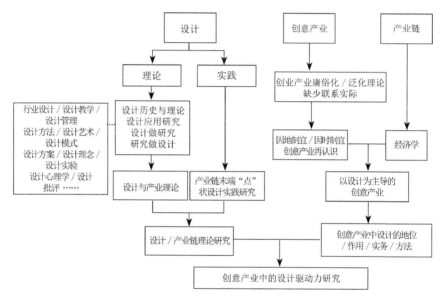

图2-2　文献综述研究——研究缘起结构

另外，通过认真研究世界各国创新领域的生产力发展及设计驱动相关产业政策，我们从另一个侧面看到国外设计驱动产业创新的研究大多根据内部经济发展阶段与状况及外部国际竞争状况来重视发展本国创意设计对产业的推动，并从国家层面制定了一系列设计驱动产业发展的战略与措施。日本针对设计驱动产业创新，未曾特意进行创意产业具体领域的划分，但与之相关的动漫、游戏、时尚、自主品牌等产业，在全球新经济发展中却占有举足轻重的地位。日本经济产业省、日本战略性利用设计研究会等机构制定的设计驱动产业创新指南，一方面，通过系列创新辅导计划与政策方针，扶持中小企业设计创新，提高本国设计创新助推产业发展效能，以达到提高产业附加值与产业竞争力的目的，从而增强自主创新能力与产业综合竞争力，成为创立、培育自有品牌塑造的重要捷径。另一方面，主张开展利用设计实现创造感性价值的创新活动，开展设计创新与品牌创新的调查研究，厘清设计驱动产业创新发展之间的关系与重要性，将创意、设计、科学技术相融合，优化改进传统以主观、感性为手段的设计，主张将科学的研究方法与成果应用于设计并指导设计，在此基础上，日本政府制定了专门促进经营管理方法论与人机工学设计研究相结合的发展理念。此外，成立专门的创意办公室，努力改善设计师缺少的经营管理知识与能力短板，如开设适用于设计与营销管理的科目，提高市场转化率，推动"产学研"多重联动，等等。

"迄今为止，世界各国（地区）对于英国'创意经济'理论认知的研究、路径、实践并不一致。美国没有设计助推'创意经济'的指导政策，但是与设计密切相关的电影意识形态及新产品衍生科技相融合的输出影响巨大，成为设计、商业、科技相融合助推产业发展的典范；韩国、芬兰、瑞典、丹麦、挪威等资源贫弱国家，真正发展起来的却是高水准的设计产业。"[1]而借鉴学习英国的创意产业经验且比较成功的是我国台湾地区，当地已形成具有自身特色的"文化创意产业"。

我们在这里应该清醒地看到：部分发达国家与地区将创意产业限定于娱乐消费领域，可以从马克思著名论断"经济基础决定上层建筑"中找到答案，波兹曼在《娱乐至死》中就曾透露出——大众化全民娱乐时代标志着一个国家的发展水平。而我国当下无论是经济还是社会都尚未到达应有阶段，将发展重心放在消费娱乐型创意产业发展上来，忽视"创意经济"中的重要驱动力——设计在"创意经济"中的作用与价值，而将其归位于其他专业技术服务附属产业的边缘区域，笔者在此持有疑问。一个国家的核心竞争力，不以自主创新能力为核心，通过设计与产业的融合、设计实现对产业统筹"质"的提升，转而依靠消费、娱乐经济，通过文化产业软实力实现"量"的发展，是非常值得探讨的。试问：我们真的到了跨越理性生产模式进入消费模式的时代了吗？

---

[1] 许平.关于"创意经济"战略的再思考[J].设计艺术研究.2011(4):1-11.

三、路径与方法的论证逻辑

本书以设计服务与相关创意产业融合形成的"设计驱动力"为主要研究对象，以国内外相关理论文献资料研究综述与实践调研为基础展开分析，同时结合国外在此方面进行探索的相关实例，以及针对深圳设计服务业与创意产业所进行访谈、实证调研的基础之上，逐步展开理论基础研究框架构建、研究程序方法建立、路径机制等重要研究内容。

设计服务与创意产业的研究内容，是以产业经济学、社会学、设计学、品牌学、管理学为理论支撑，探讨如何在创意产业发展新阶段、新形势下，正确认识设计在创意产业中的重要内容、价值与作用。通过对当下发展设计服务与创意产业发展过程中存在的问题，就产业与设计分离的现象加以分析，探究设计服务与相关产业融合，驱动产业发展创新的内涵、特征、路径、方法、模式等，从中界定创意经济及设计驱动力的理论研究框架与实践体系，为学界、业界研究实践创意产业中设计驱动力提供理论依据与参考。本书主体研究内容可概括为以下三个部分。

首先，确立创意产业与设计驱动力的基础理论认知研究框架部分。作为有别于传统设计"两史一论"研究范畴之外新的研究领域，应确立以设计服务为研究主线，通过查阅、收集相关文献资料，综合运用设计学、产业经济学、社会学、管理学等学科理论，对已有资料进行质化与定量分析，归纳总结、旁征博引，着重分析当前创意产业发展存在的乱象、认识误区，厘清影响创意产业中设计驱动力发展三重要素之间的关系。系统地梳理国外创意产业发展过程，并借鉴英国发展创意产业与设计服务中的政策与理论实践经验，解析设计在其产业发展过程中的价值与作用。同时，结合目前深圳设计与产业发展现状，对比、调研国内外设计与产业发展路径、方法、存在的问题，将二者对比论证，对创意产业与设计驱动力的内涵认知综合解读并加以界定，透过现象看本质，起到总结经验、揭示原理与规律的作用。根据发展的设计服务本质内涵分析界定，探讨创意产业的深层内涵，厘清创意产业中设计服务与设计价值链之间的思辨关系，探索创意产业中设计驱动力的内核本质，构建出创意产业与设计驱动力理论基础研究框架与实践体系。在此基础上，为进一步促进深圳创意产业和设计服务与相关产业融合，提供有针对性的对策建议与参考依据。

其次，结合产业经济学、社会学、设计学、管理学等学科基础理论，开展以深圳产业、设计服务为主要对象的实证调研活动，深化以创意产业中设计服务与产业融合为主题的研究内容。在调研过程中，就设计服务密切相关的设计转化、系统产业链、设计管理、科技创新、品牌创新等问题，通过走访深圳众多具有代表性的产业与企业、知名设计师、组织机构等，获取深圳创意产业、设计发展的有效数据、文献、案例，并加以分析整理。分别从系统设计、设计思维创新、行业协会、消费市场等视角，将具体实践案例、现象、数据与产业、设计相关的抽象理论相结合，力求能够较为客观、准确地分析影响深圳创意产业中设计、产业融合发展的主要指标及因素，归纳、总结、分析其优劣势及存在的问题。分别从设计发展创新、商业模式创新、科技创新、管理创新、消费模式创新、服务方式创新、设计伦理价值创新、品牌创新、企业战略创新等角度，进一步深化探索以设计产业价值链为驱动，设计服务与产业深度创新融合的重要内容。

最后，在前者设计与产业融合促进驱动力路径与机制论证研究的基础之上，进一步探讨在产业与设计融合中，对与深圳产业发展密切相关的政府、法律法规、设计服务教育与科研、设计与产业资源联动、公共服务平台等方面的外部生态系统因素进行分析，探讨政、产、学、研、用在设计与产业融合中的重要职能、角色、定位，并在此基础上，提出设计服务与政、产、学、研联动的具体"辅导计划"机制举措，从而能够更好地促进深圳创意产业中设计驱动产业的健康有序发展。

同时，在理论实践研究过程中，运用曼陀罗思考法、微笑曲线分析模型、霍金斯"创意经济"理论、熊彼得创新理论、马斯洛需求层级理论、迈克尔·波特（Michael E.Porter）竞争战略理论、SWOT分析模型、PEST分析模型等跨学科理论原理分析模型，构建本书的理论基础预设与研究框架模型（图2-3）。

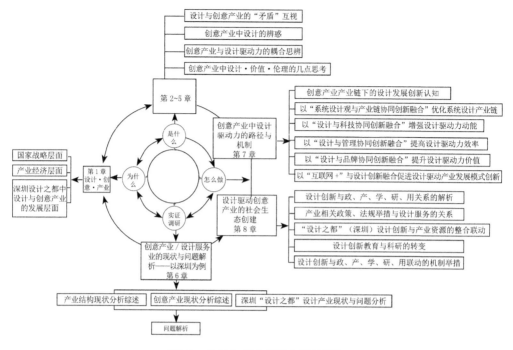

图2-3 设计与产业思路与结构框架

以上诸多层级要素为笔者本书研究的缘起与重要内容。

在产业经济学与设计学学科交叉研究基础之上，努力尝试突破创新，跳出产业看设计，跳出设计看产业，用动态、演化的视角研究设计内涵、产业的发展，运用统计学、民调、实地考察、访谈、图书馆、档案馆和网络数据库等研究方法与渠道，探索产业优化转型与经济发展阶段演化规律过程中设计服务内涵的变迁，以及与产业融合之间的关系、路径、相互作用机制等内容。

1.定性研究

本书采用理论文献分析与实证研究相结合的研究方法，努力构建"创意产业中设计驱动创新"核心体系内容。从设计角度来看，将"设计之都"（深圳）经济、文化、产业发展相关实例、数据，与设计思维、设计伦理、设计管理等理论、方法相结合；从产业角度来看，跳出原有传统设计理论实践研究范畴，与创意产业、系统产业链、科技创新、品牌相关理论实践相结合，完成深圳设计与产业相关领域的田野调查，掌握深圳创意经济、设计、产业发展的第一手资料，为进一步设计服务与产业的融合研究奠定理论与实践基础，努力在设计、产业理论与实践之间找到最佳着力点。

2. 案例研究

案例研究主要分为两个部分：城市案例方面，利用深圳区域优势，选取相关产业链中最具代表性的设计、加工、制造、营销运营、品牌咨询等企业进行跟踪调研，着重了解设计、机构与产业之间，设计转化、工作方式、产业链、产业状况、品牌、设计管理模式、设计行业、协会之间的跨界合作情况、机制等方面的情况及存在的问题。区域案例方面，以英国、日本的创意产业、设计业发展状况，我国台湾地区、香港特别行政区的创意产业、设计业发展状况为借鉴参考，为深圳创意产业发展引入设计产业链系统研究，奠定理论与实践研究基础。

3. 定量实证研究与考察访谈

针对深圳"创意经济"设计与产业的认知情况，在宏观层面，调研政、产、学、研、用五个层面在创意产业、设计业的投入、认知情况，为进一步发展创意产业中设计与产业融合研究提供整体、系统的思考；在微观层面，从设计、制造、市场、品牌、服务等系统产业链角度，走访深圳创意文化中心、深圳市平面设计协会（以下简称"深圳平协"）、深圳市工业设计协会（以下简称"深圳工协"）、设计之都创意园、设计产业园等机构，对知名企业、设计师和学者进行实地调研与访谈，注重数据收集与分析，第一手资料与第二手资料相结合，分类统计深圳企业机构在经营、设计投入、管理等方面的详细情况，掌握深圳创意产业、设计产业链基本情况与现状评估，进而归纳总结基本理论假设与概念模型，深化设计驱动创新与产业发展的相关理论体系认识。

第三节　设计与创意产业耦合研究的新意

在传统设计研究中，设计大多作为研发环节的组成部分，或者提高产品附加值的手段。本书主要将设计与产业融合、促进产业的创新驱动发展，作为一个完整的学术概念，系统化引入传统设计研究体系，丰富传统设计研究内容，开拓课题研究新领域，充分论证设计在驱动产业创新发展中的重要价值与作用，努力在设计、产业、社会、经济、文化、环境之间建立联系，对其机制、路径、方法开展研究，同时为其他专家学者的进一步深入研究提供参考索引。

有别于传统设计领域的研究理论与实践，本书研究创新点主要有以下几个方面。

1.跨界实证观点创新

在研究内容上融合设计"两史一论"[1]、设计管理、产业经济学等多学科实证研究，跳出设计学科单一视角，采用跨学科多视角，通过对深圳设计业、产业发展现状，借助田野调查、产业规划研究、案例研究、多学科交叉等方法，获得大量原始资料，以系统、整体的视角梳理设计生态、产业链，重新审视未来设计与产业的发展。根据设计驱动产业发展创新经验，论证设计驱动式创新与产业发展之间的关系，创新性提出"以设计为主导的创意经济产业链"的观点，以及深圳未来要实现从"深圳速度"向"深圳质量"的转变，就必须坚持发展以先进制造、高新技术为主导，以设计与相关产业融合，形成完备、系统的产业价值链为路径的发展思路。

2.研究方法的创新

在研究方法上，借鉴设计学、经济学、管理学、社会学等相关学科的研究方法与视角，立足于产业经济学研究范畴，以发展的认知视角看待产业中设计学的本质，以霍金斯"创意经济"理论为基础与研究范式，结合熊彼得创新理论、马斯洛需求理论、迈克尔·波特竞争战略理论等模型，分析深圳设计与产业之间的动态演化过程，对创意经济和设计与产业跨界融合这一主题展开研究，提供一个新的视角与启发式策略。

---

[1]　"两史一论"，即中国设计史、外国设计史、设计概论。

3.寻本溯源内容创新

在研究主体内容上，将设计师、企业管理者和产业理论研究者、消费者等共同纳入设计产业链发展要素范畴。通过对深圳设计产业、创意产业发展的调研与分析归纳，整体、系统地梳理深圳设计、产业发展的基本脉络，理性探索深圳发展新型创意产业内涵，揭示深圳未来设计与产业的发展方向及背后演进规律，探究设计在创意产业中的驱动力作用，以及建立新型创意产业理论基础，使创意经济设计与产业融合发展形成的设计创新驱动转化为深圳未来经济新的增长点与动力。同时，警醒当下传统设计研究领域，由于脱离了历史性与现实性考量，将设计认为是个人的艺术创作活动，抑或从属于产业中美化、装饰的肤浅层面，成为布尔迪厄所谓的"符号暴力"范畴。

相较于产业经济学与传统设计研究领域，在众多专家、前辈学者的探索研究中，已积累了丰硕的成果，设计与产业融合作为新兴交叉研究领域，可供参考的理论、方法论、案例实践相关探索研究较少，对创意产业中设计驱动力研究存在一定的不足。一方面，针对设计与产业融合研究，涉及产业经济方面的理论实践，由于笔者自身知识结构的限制，在设计与产业之间的分析探索深度、构建创意经济中设计驱动力综合研究体系及设计驱动力内容、路径、方法等方面略显稚嫩，未来须进一步继续深化研究认识。另一方面，笔者作为设计从业人员，难免在一定程度上夸大设计在产业中的作用，研究的全面性、客观性失之偏颇，同时，所形成的理论思考虽进行了大量相关实践调研，但对产业的逻辑诠释与量性分析方面调研欠深入，对产业链系统实践、认知等问题有待进一步深化认识。

本书为笔者今后深化设计与产业研究奠定了基础，并指明了未来方向。针对当前创意产业发展存在的乱象，以及产业、设计等方面的认知误区，能够以更为广阔的视野系统、深入地研究，进一步深化研究创意产业中设计与产业融合方面的认识，着重在相关理论创新、量化分析、理论模型构建等跨学科研究理论、实践领域有所突破。同时，希望本书能够为传统设计研究、产业经济学等研究领域开辟学科交叉研究新领域起到抛砖引玉的作用，共同为设计与产业融合相关领域的理论、实践交叉融合研究做出应有的贡献，为设计、产业、经济、社会带来有价值的研究成果。

第三章　创意产业中设计的辨惑

国务院印发的《关于推进文化创意和设计服务与相关产业融合发展的若干意见》首次将创意产业和设计服务提升至国家战略层面，深化了创意产业与设计服务相关的理论与实践研究，开辟了设计学界、业界研究的新领域。[1]设计作为创意产业的重要内容，该如何重新定义创意产业中设计服务的地位、作用、角色，以及探讨创意产业中设计观的内涵、意义、构成，建立适应市场机制为准则的设计体制，充分发挥创意产业设计与产业链各环节的融合，提升设计在创意产业中应有的价值、地位与作用等，具有重要的理论与实践意义。

第一节　创意产业中设计的系统逻辑

随着工业时代向以信息科技为特征的知识经济时代转型，部分国家与地区将发展创意产业作为城市新兴驱动力，力求在新一轮经济全球化竞争浪潮中完成经济转型，实现结构优化升级。然而，由于国内对霍金斯"创意经济"理论内涵和概念界定的泛化、模糊，相关探索发展创意产业的路径、方法的研究非常有限，依旧停留在宏观理论、政策等浅层论述，创意产业也成为部分地区标榜文化创新的工具，这也造成了文化、传统、经济的异化现象。

被联合国教科文组织授予"设计之都"称号的深圳，借助改革开放发展契机，依靠早期政策、产业转移等优势，由资源消耗"投资驱动"粗放型向资源节约"创新驱动"集约型发展模式转变，迅速成为国内具有创新精神的典范。设计服务作为创意产业的重要组成部分，经过多年的发展沉淀，为深圳设计与产业发展积累了一定的经验。而今，如何在科技、文化、经济的"互联网+"浪潮中发挥设计驱动力的重要作用，扭转设计过度追求商业利益的短视行为，从委托外观设计、装饰美化、急功近利的"山寨"设计困境中走出来，助推"创意经济"发

[1] 吕俐，王艺静. 建筑师应担负起生态文明与文化传承的重任：访中国工程院院士、中国建筑设计研究院（集团）副院长兼总建筑师崔恺 [J]. 中国勘察设计，2014(4):33-36.

展，将成为深圳走可持续发展道路和建设创新型城市亟待解决的问题。

长期以来，设计与创意产业的研究实践，多集中在各自领域，相互交集较少。对设计服务的研究，局限于设计观念及目标对象浅层认知，缺少系统性、完整性的设计规划，导致设计的无序性，仍旧在艺术与传统认识范畴之间飘忽不定。设计一般被解读为销售、传播所采用的产品、包装、宣传品或用于展示的、被动的、零散性的物质生产的辅助工作，设计与产业链其他环节之间则相对独立，融合探索研究较少，公众对创意产业中设计的认识也多停留在娱乐消费类相关产品的设计、制造上。如近几年，国内举办的世博会、文博会本应作为展现世界先进科技、设计文明成果的绝佳平台，但实际却沦为媒体大众眼中的"西洋镜"旅游景观。

对于设计内涵中的"传统"，学界一直存在诸多争议。在一定程度上，传统"设计"内涵的一般认知与变化发展中的设计、目标对象的本质内涵概念相去甚远，具有时代的局限性。格罗皮乌斯在《全面建筑观》中曾这样评价"传统"："真正的传统是不断前进的产物，它的本质是运动，不是静止，传统应该推动人们不断前进。"[1]传统通过创新设计内涵的注入，推动设计与传统两者健康有序地向前发展，两者并不是割裂关系，而是密不可分、辩证统一的。设计的发展离不开对传统的继承，离开传统，设计只会变成无本之木、无源之水，传统是创新的、发展的。

随着设计对传统理解的深入，我们不禁要问：设计继承传统什么？如何继承？如果时下创意产业中，设计实践是将传统图形、符号进行简单、机械的复制，新瓶装老酒，套用于现代器物、服装、产品表层之上，成为束之高阁的文化创意艺术品摆设，或贴上文化创意的标签藏身于博物馆展柜之中，这是我们要发展的创意产业吗？很明显，答案是否定的。这不仅是对创意产业的误读，更是对传统文化的践踏，何谈继承？在传统造物哲学认知中，例如《天工开物》《营造法式》中对于"形""意"等传统设计的智慧，都有着较为深入的理论阐释与实践。设计创造活动不应独立存在于整体社会评价因素之外，对于设计内涵的解读，与所处时代背景、生产、生活密切相关，只有发展与人们生产、生活紧密联

[1] 刘昕 . 水墨形态对当代平面设计的启示 [J]. 美术大观，2010(11):196–197.

系的创意产业设计服务，才能使传统焕发出新的生命力。设计与人之间是辩证统一的，否则只会让传统逐渐失去活力，甚至消亡。

一、动态演绎的设计内涵

角度不同，对设计内涵的认知理解也不尽相同。从中国汉语词汇语义学角度来看，"设计"具有整体性、系统性、逻辑性的语义特点，"设"作为动词，具有布置、安排、设立、筹划、假设等含义，"计"有计策、计划、计议等含义。"东汉许慎《说文解字》，'设'是'施陈也'；'计'是'会也，算也'；元尚仲贤《乞英布》第一折有：'运筹设计，让之张良，点将出师，属之韩信'之语，其'设计'是设下计谋。"[1] 从西方词汇语义学角度来看，"Design"源于拉丁语"Designara"，多限定于艺术的范畴，即艺术中线条、形状、比例、动态、审美的统筹协调，亦为艺术家创作构思的现实化。"近代《牛津大辞典》中'Design'作为名词的语义，一是心理计划的意思，指思维中形成意图，并准备实现的计划乃至设计；二是意味着艺术中的计划，尤其指绘画制作准备中的草图之类。"[2]

随着生产力发展，生产、生活方式的变革，设计的语义也在不断增添新的内涵，依据内容、角度、侧重点的不同，主要分为古典、现代、当代三个层面。

（一）设计的古典内涵认知

在传统农业经济时代，先民在生产、生活中针对目标对象进行了一系列构思、计划，产生了设计思维的雏形。以"天有时、地有气、材有美、工有巧"的标准，完美阐释了"天人合一"的审美境界，以及自然和谐相处的生态设计观，很好地满足了生产、生活的需要，创造了具有象征意义抽象化与符号化的工艺美术、艺术文明成果，如生产工具、建筑与构件、服装与配饰、家具、车辆等。设计活动的展开、改进，以设计者自身经验积累产生的创造力来完成设计、生产、流通，与适时生产、生活需求相适应，设计、工艺多以师徒手口相传、作坊的方式，完成物象材料、工艺、形态、结构、审美经验的积累传承，整个生产、设计活动具有明显的"线性"特征。传统工艺美术由于生产方式、使用方式、流通方式的

[1] 尹定邦. 设计学概论 [M]. 长沙：湖南科学出版社，2001:23-38.
[2] 杨甜甜. 设计心理学在环境艺术设计课程中的设置 [J]. 魅力中国，2010(7):278.

不同，被认为是农业经济时代的产物。设计作为具体的个体行为因素，发挥局部的创造作用，而对大范围生产力、生产生活的推动则影响甚微。

"设计"在特殊的历史时期逐渐被定位于目标对象外观的"纹样""装饰"等艺术化、美化认知，有其时代发展的局限性、客观性。近代"设计"由于历史原因，与美术教育的哺育密不可分，两者有着较深的渊源。一方面，近现代"设计"基于绘画、图案、工艺美术理解，作为实用美术分支而发展起来，属于目标对象的造型、外观等视觉艺术形象范畴，以艺术美作为衡量"设计"价值的首要标准，图案、艺术即"设计"。另一方面，近现代经济发展工艺品换外汇的浪潮，促进了工艺美术的繁荣，阶段经济发展的需求造成了一定程度上对设计认知存在着阶段性局限。由于社会工业化产品需求较大，而社会物质资料却远未达到相应的丰裕程度，迫切需要设计只是通过技法、艺术化的表现，来弥补加工制造工业化的不足。

设计离不开艺术审美，我们在这里不是否定设计"美"的自然客观属性，而是对单纯以"美"作为衡量设计成功与否唯一标准的质疑。在创意产业中，把设计归位于"好看"的摆设工艺品或消费型创意产品并界定为对传统工艺美术的复兴，是失之偏颇的。

（二）设计的现代内涵认知

随着农业时代向以商品经济为主体的工业时代更迭，生产方式、消费对象的变化使设计服务的目标对象、结构方式、内涵不断地丰富、深化，设计研究重心也演绎出新的内涵特征。

18世纪，机器大工业促进了国际产业的分工，生产、生活方式也发生重大变革。在新的时期，设计单纯解决外在二维视觉问题，是无法适应机器大工业生产方式及工业时代知识结构、认知思维要求的。社会分工促使制造、技术与设计分离，也使造物活动走向了另一个极端：过度追求对技术、制造的推崇迷恋，而忽视设计在产业中的重要作用，按照空间、功能、目的的不同，设计被机械划分为平面设计、室内设计、建筑设计、服装设计、工业设计等。如威廉·阿迪逊·德威金斯于1922年提出的"平面设计"概念，将此概念限制在"平面"思维中，这种画地为牢显现出平面设计概念划分标准的天然缺陷。这种对目标对象进行机械行业分工与职业分类，作为工业时代产物，失去了对设计系统性、整体性本质内涵的认识，涌现出大批机械应用"设计视觉美化"而产生丑陋不堪的工业时代产品。作为对这一现象反思的英国工艺美术运动，设计仅停留在工业品外在的造型、装饰上，并没有触及现象背后的深层设计系统逻辑原因，未实现技术与设计的统一，注定只能是一场"回光返照"式的尝试与实验。

19世纪50年代，设计开始与社会化大生产相结合，追求现代设计和技术美学的融合，包豪斯现代设计体系与美国商业消费主义结合。"社会分工产生了由行业、工种、工序的分工造成的复杂社会结构，设计的主导性逐渐显现出来，成为对各系统关系进行统筹规划的思维能力。"[1]

社会化分工使设计"设想、规划"的内涵，在商业形态下继续得到强化，开始重新检视设计对美术的依赖，逐渐从工艺美术与艺术范畴中走出来，尝试产业的实践探索，将设计服务上升到为现代工业产业、社会服务的层面上，具有标准化、批量化、规范化、大众化、网状协作为特征的现代设计，能够有效地降低跨时间、跨地域生产的使用成本，并提高效率。从设计、生产制作、功能、装饰等角度展开综合解读，呈现出向客观对象在商业空间中功能、方法论的探讨研究；从为上层精英社会服务转向大众的科技、文明成果；从单一学科领域向科学与艺术、工程与人文多学科交叉转化；从注重人文科学设计研究逐渐与社会科学、自然科学相融合，注重感性认知与理性逻辑分析相融合的发展趋势。设计商业服务的需求与传统的个人设计服务相结合，以艺术、技术、商业、设计、广告、营销、传播、品牌相结合为驱动的现代意义"设计"内涵开始确立起来，注重控制产业链的演进及品牌价值观的延续，丰富了现代意义"设计"的内涵。

（三）设计的当代内涵认知

以信息科技为主导的创意经济时代，信息与分工协作重构了加工制造模块化、机械化和技术化的逻辑架构，促进生产、生活方式更迭前进，使设计的构成形式、定位、内涵、设计思维等内容不断向前演进。

设计突破艺术性、功能性基本属性，从一般战术层面上升到战略核心高度，

[1] 金银.20世纪80年代之后中国设计艺术理论发展研究 [D]. 武汉：武汉理工大学，2007.

设计研究范畴拓展到"调研—设计—制造—市场—品牌—服务"整个系统产业链过程，突出设计与新技术、新材料的结合，将产品系统设计、规划、战略与用户研究、营销、传播、品牌、商业模式相结合，注重整体产业链系统与设计系统综合管理的融合拓展，将设计贯穿于研发、计划、组织、控制、决策的全过程，共同完成目标对象的系统规划、品牌建立。结合社会学、人类学、人机工学等相关跨学科领域，通过系统洞察的用户研究，对目标对象组织建构，发现潜在设计机会，不以单纯商业利益为唯一追求目标，以用户价值为终极导向。不一定是"漂亮"的设计，但一定是围绕"人""物""环境"的系统设计，最终促进资源、社会、企业、个人的良性可持续发展。

在全球供应链管理与跨国品牌战略的影响下，福特制规模化、批量化生产模式逐渐转变为全球供应链模块化网络系统；以单体设计为代表的包豪斯设计体系，逐步向以苹果、IDEO为代表的设计管理与战略系统体系转化；传统设计领域自上而下批量化、标准化、规模化的传统硬件生产制造方式，向以用户研究为中心的个性化、定制化、多元化转化；"企业品牌设计"向"生产、生活社区营造"可持续发展设计转化。从以上诸多转化中，我们可以看到，贯穿于自然经济农业时代、商品经济工业时代、信息经济后工业时代的设计内涵与外延逐渐升华，设计过程演变为感性认知、质性分析与理性认知、量性分析相结合，上升到对生活方式营造的设计研究范畴。

设计作为解决目标对象人、事、自然之间相互矛盾关系的统筹计划、安排而开展的活动，具有广义的内涵。物质功能性消费作为设计的基本诉求，设计赋予的情感性、可附加值的内涵增值、人合理需求的尊重、设计伦理等将成为未来设计发展研究的关键。

设计服务的本质是为人服务，将其仅定位于创意产业中提供"好看""花哨"的外表，终将为时代所遗弃。

随着符号学、心理学、经济学、社会学、人类学在设计领域的应用与发展，与材料、科技、工艺、语意、消费、品牌战略、可持续发展等因素的拓展融合，深化了设计意识形态、内涵，推动了设计在消费社会中生产制造方式、流通方式、消费方式、服务方式、意识形态中的探索与研究，在当前尚未实现真正意义上工业化的产业和市场环境中，探讨研究创意产业语境下的设计观具有重要意义。

设计观是与设计相关的问题、关系、目的、意义、构成、标准、定位的观点与认知，包括艺术观、价值观、技术观、社会观、经济观、伦理观等内容，设计观诉求重心的不同，直接影响设计的未来发展趋向。创意产业中设计观是统筹整合经济、文化、产业链等资源，引入创新产业发展机制，满足多重需求层级变化，创造"以人为本"健康合理、可持续发展、具有民主精神的设计伦理观。总的来说，设计观决定设计方法论，而设计方法论又影响设计观，将两者系统化、理论化。

传统产业发展以技术研发、制造为主导，注重商业数据、市场分析、广告营销、成本核算、规模效益等，而设计在其中的效益增值驱动力却鲜有人重视，严重滞后于企业战略发展。国务院印发《关于推进文化创意和设计服务与相关产业融合发展的若干意见》，提出"中国制造"到"中国创造"的转型，首次将文化创意和设计服务提升到国家战略层面。在创意产业中发展怎样的设计服务，确立怎样的设计观，将是放在我们面前重要的研究课题。当下，由于设计观缺失，创意产业中设计认识实践乱象丛生，将设计单纯地理解为传统民俗工艺品艺术化、主观化、形式化的商业化运作，通过设计改换包装、商标/徽标，贴上"创新"的标签，沦为"形式供应商"的代名词，被理解为产业、传统的"涂脂抹粉"，抑或艺术对设计殖民般的"孤芳自赏"，都是对设计内涵的严重曲解，终将影响设计与产业的发展。

在商业消费社会中，商业经济的繁荣带动了设计相关实践、理论、作品、风格流派的迅速发展。长期以来，以物质经济至上的机会主义价值观为导向，造成狭隘视角下对纯粹商业利益的跟随，盲目追求商业资本增殖，过度沉溺于商业消费文化的短视行为，在有计划废止或年度换型计划中，设计成了加速有限资源损耗、进行过度商业消费的资本黑手的雇佣与帮凶，所反映的设计伦理非常值得思考。设计作为"以人为本"价值标准实现的重要载体，若单纯地停留在个人艺术化、解决"面子"问题的层面，而不以人的合理需求为出发点，这样的设计观价值又有何意义？

设计作为发展战略核心中枢之一，滞后于经济、社会、技术知识的革新，处于消极、被支配的地位。新时期，设计应融入为人服务的生产、生活之中，超越传统理解的外观和造型美化专属领域，是科技、生产、消费、文化、意识形态领域思维与战略的综合解决方案。树立人、事、物、环境交互融合的"全方位大设计"理念，将用户研究、市场分析、行销传播、研发制造、产品设计、环境等整合成发现、理解、洞察、解决复杂系统问题的循环模式，构建新时期设计学科的科学架构（图3-1）。创意产业中的设计理解，从狭义角度上来讲，并不是产业链中用于促销的简单工具，而是对品牌、产品、用户、企业战略、社会发展产生影响的重要因素，菲利普·科特勒曾提出"设计是一种企业可用于获得持续竞争优势的强有力的战略工具"，统筹协调各种要素，创造合理生产、生活方式是"将技术—艺术、感性—理性、功能—形式、实用—审美等多重因素综合的'文化整合行为'；艺术的设计是与技术设计、营销设计相并列的，它们共同完成产品在市场经济中的作用"。[1]可以说，设计如同"镜子"，是彼时社会关系、经济结构、科技水平、生活方式、思想观念等方面的"镜像"。

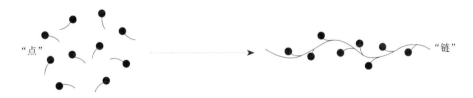

图3-1　设计服务方式与结构的转变

时代发展的需要，使设计的内涵与外延不断深化。设计作为创意产业重要核心内容之一，逐渐从专有艺术领域与商业服务中走出来，围绕"以人为本"为核心的设计观辐射扩散，统筹整合科技、艺术、文化资源、知识产权、营销策略、产业服务等领域，理性处理传统文化与现代设计、生产、生活、消费的有机结合。发展创意产业与设计服务业的融合，使创意产业创造不再是博物馆中的摆设品，使设计服务更好地作用于人们的生产、生活，为推动"中国制造"向"中国创造"转变提供重要驱动力。

[1]　徐恒醇.设计美学[M].北京：清华大学出版社，2006:97.

第二节 设计·创意·设计价值链的思辨

　　随着工业时代向后工业时代过渡，集现代科技与文化传统、功能型生产与消费型服务于一体的创意产业应运而生。对于创意产业中的设计服务，专家学者主要从产业、经济、文化、社会等角度，对其理论、政策展开宏观层面的研究，而设计与创意产业融合的方法、实务、路径研究较少为设计学界所触及。此议题主要从"设计"与"创意"的关系、概念辨析切入，运用价值链理论对设计服务与产业融合加以论证，通过设计价值链与企业价值链之间的对比，深入探讨设计价值链的概念内涵，阐释设计价值链知识创新和知识转化的整合增值过程，阐释创意产业中设计服务与相关产业之间的关系，为推动创意产业发展提供理论支持。

　　在霍金斯"创意经济"理论提出后，业界创意产业理论研究与实践开展得如火如荼。许多国家与地区视创意产业为"鼓励创新需求""未来新兴支柱产业""经济发展新引擎"等新型经济发展模式，其发展程度与规模成为彼时衡量国家或城市综合竞争力的重要指标之一。然而，经过近些年的发展，创意经济逐渐演变为娱乐消费经济、创意园地产经济的代名词。那么，这种创意经济认知实践是否可以成为我国经济发展的核心主导力量？如果答案是有疑虑的，那么结合自身产业实际情况，以客观、冷静的态度，正视创意经济现实理论、实践的焦点及疑点，探讨当下创意经济的本真属性与科学认知价值，具有较强的理论指导意义和实践意义。

　　霍金斯提出"创意经济"产业四大核心——版权、专利、商标和设计，阐释了创意产业中"有形知识型创意"和"无形资产知识产权"的重要地位及内涵。设计服务产业属性的理论内涵研究与实践作为新的发展趋势，逐渐为设计界学者与从业人员所重视。设计服务的有形、无形价值与产业理论、实践融合发展，对设计与产业关系的梳理，明确产业链中设计的地位和作用，为设计与产业的融合建立高效的设计价值链系统，拓展产业与设计的融合研究空间，推进创意产业的发展，为丰富现有研究提供新的事实依据和理论素材。

然而，业内设计对产业的认知，大多停留在过往的外在形式、求新求异的"装饰"，注重自我风格、主义、情感的外化或表达，而开展与之相关的创意产业理论研究较少，设计与经济、产业文化领域的交叉、转化、融合的研究非常有限。设计在产业中并未起到应有的作用，其价值为人所漠视，逐渐成为游离于产业之外自给自足、自娱自乐的好看不好用或好看不好卖的视觉游戏，在产业链中所处的地位越来越低，被戏称为好看的"形象工程"，甚至极端地演变为艺术的其中一个门类——设计艺术。

一、创意=设计？

在创意产业中，对设计的传统认知，存在一定的误区。一般认为"好设计"就要先有"好创意""好点子"，最重要的是要"好看""有趣"，似乎"创意""美"是设计的全部。在设计创意方法上，多采用各种各样的头脑风暴、5W2H、水平思考法、检核表法、联想法等创意方法。在设计样式上，力求设计形式求新求异，设计出令人唏嘘不已、嗟叹设计的奇妙效果。这种过于追求形式，而忽略设计的目的，其后果往往是造成设计、创意成为流于表面的形象工程，在产业链中处于可有可无的尴尬境地。当然我们并不是全盘否定创意与设计，开展创意与设计整合发展创新内涵、目的的探讨，对丰富创意产业理论与设计实践有着重要的积极意义。

随着创意产业的兴起，霍金斯将创意产业划分为"广告、建筑、艺术、工艺品、设计、时装、电影、音乐、表演艺术、出版、研发、软件、玩具和游戏"13个领域，随后，又将传播媒体、博物馆乃至交响乐等行业，划归创意经济范畴。可以明显看出，在提出创意产业概念之前，很多行业早已有之，而今各行业被戴上创意产业的帽子，各种脱离产业基础的"创意"概念满天飞，造成创意产业虚幻的繁荣假象。"创意"为创意产业分类领域所推崇，其概念内涵与外延被无限放大，并将设计划定为创意的范畴，导致设计与创意之间的界限模糊，在某种程度上，产生了"设计=创意"认知的解读偏移，在此研究"设计"与"创意"之间的关系，对设计与产业的发展、升级是非常有必要的。

　　设计与创意的概念内涵有所不同，不能单纯地追求"创意"，而忽视了设计与创意的初心与目的。大卫·奥格威曾说过："我不想听到你说我创作的某广告很有创意，我希望广告能吸引你购买产品。"[1]创意只是手段，并不是本质或目的，艺术与设计采用的创意只是属于方法论的外在表现范畴。好的设计是一种适合的设计，创意不是设计的最高标准，好的设计是构成生产、生活方式的具有意义的设计，而不是单纯地追求"创意"的表现。可见，创意并不是设计的全部，创意不是目的，而是手段。从某种程度上来说，创意是一种营销需求。

　　在创意产业中，设计具有服务型行业特点，通过创新思维意识，挖掘和激活资源组合，进而提升、优化资源价值的方法。同时，设计的组织架构、运行与服务模式与创意有着较大的不同，是社会学、艺术学、营销学、传播学、管理学等多个综合学科基础之上综合、系统的认知。由于设计学科知识体系架构缺少相应的方法论、数理逻辑分析模型、量化分析等，对设计研究与实践中的基本准则、要义、内涵、本质缺乏思考，停留在为目标对象的美化、装饰层面，追求外在形式的"求新求异"，设计在一定程度上成为被感性、主观情感左右的"设计艺术"。在设计实践中，注重感性认识，机械套用逻辑推理方法，倒推、佐证出自相矛盾的草率的感性结果，设计逐渐成了缺少严谨科学态度的感性游戏。我们在这里不是对设计中的"美"进行否定，"美"与"创意"是设计的内核灵魂，但不是全部。

　　设计与创意不是艺术创作，而是产业链条中的一个环节，目的是解决问题，是目标对象信息传播的载体与方式。设计在创意产业中，分为以功能生产为目的与以消费服务为目的两类，创意产业的重心是功能生产型核心竞争力的竞争，而非一般意义上的文化消费产品。我们目前对创意产业中设计的认识，多以消费者为中心，以营销为目的，通过海报、包装、标志等设计策略，结合市场营销战略、传播策略、媒介选择、效果评估，提高消费者对企业品牌知名度、忠诚度、美誉度的认知，最终促进商业销售，提高溢价。设计与创意作为营销的重要手段，而媒介组合策略是企业传播营销策略成功的关键，其中传播媒介载体的选择、成本核算、推送方式的选择、版面的大小、停留时间等对创意、设计的形式、

[1]　祝帅，郭嘉．创意产业与设计产业链接关系的反思[J]．设计艺术研究，2011(1)19:24.

内容有一定的制约。这恰恰从另一个角度证明：设计服务业的核心价值并不单单是"创意"，单纯地追求引爆眼球的"创意"是失败的。这也就不难解释国际著名4A广告公司掌舵人多具有新闻传播学、管理学等综合学科背景，而设计师由于自身知识架构及认知的制约，往往处于从属地位，成为"大脑"操控的"手"。

"设计不是玩创意"，当然不是否定创意与设计的地位与意义，而是在产业中对过分强调设计关于"创意""美"追求的质疑。在产业链思维中，过分强调图形、色彩、外观、造型等设计风格、主义，忽略目标对象、产业自身环境及营销传播策略等，本身就是对设计目的、内涵、诉求的否定。脱离目标对象的表演、作秀式的"大师风格"、主义是毫无意义的，最终与设计价值的本质内涵格格不入。设计与创意作为产业生产与消费服务的一部分，研究设计与产业融合的相关理论与实践尤为必要。

设计与创意之间的关系是相互依存、密不可分的。这里对创意与设计的探讨，不是其广义概念内涵的无限泛化，抑或外在表现形式的狭隘解读。创意的创新内涵是创造意识或创新意识的简称，任何事物的发展与之密不可分，是事物的共性特征。创意是设计的基本素养与内核，缺少创意的产品、广告、设计是难以在海量信息中脱颖而出的。从设计的发展过程可以看到，不同时期的设计重心经历了由功能—形式—企业—商业—绿色形态设计—用户体验研究的认知过程，而"创意"作为设计的基本属性，始终未曾改变。

随着时代观念的更新，创意与设计作为感性与理性的综合认知，其内涵与外延也在不断扩大，更趋于两者的融合认知。如平面设计从二维印刷媒介的图形符号、色彩、版式的设计，转变为不同维度空间中对信息、逻辑的设计，再以平面二维的概念界定就是有局限的。设计发展作为物质与非物质生活本质融合的过程，不再是简单意义上探讨事物的形式与功能，而是开展一切生产、生活的原点与终点——"人是生活的本质"的研究。

二、设计服务在产业外的游离

纵观设计历史的发展，每一次设计思想的产生、发展、繁荣与产业发展都是密不可分的。如果没有工业、科技推动产业的发展，各种主义、风格就芳踪难觅，正是产业经济的发展，科学与艺术之间长久的分离状态逐渐找到了最佳的平衡状态。从设计、原料采购、产品制造、仓储运输、订单处理、批发经营和终端零售等产业庞杂系统中可以看出，设计渗透于产业链中的每一个环节，设计发展与产业繁荣密不可分，但实际上设计与产业之间的关系却是扑朔迷离、飘忽不定的。

就设计领域来讲，设计脱胎于传统美术教育，两者概念在先天或潜意识认知上存在一定程度的混淆。由于各种历史的综合原因，国内设计是在工艺美术与艺术学科基础之上发展而来的，设计研究多集中在设计历史与理论、设计应用研究、为设计做研究、为研究做设计等层面，而设计与产业之间的相关理论、应用实践研究则涉及较少。设计研究与产业实践的背离，忽略了设计在产业链中内涵与方法论的探索研究，使产业发展经历了分散个体生产—简单集体生产—集中社会生产阶段，且面临着新的问题——设计的研究成果不能有效落地、转化，设计对产业的服务归位于产业链末端，成为美化、装饰的代名词，高校科研院所中的设计研究、教育逐渐成为空中楼阁般抑或漫天飞舞"飞机稿"的虚无理论与实践，成为游离于产业之外的独立设计研究系统。另一方面，产业领域长期缺少行之有效的设计与产业融合理论实践，这也成为国内产业发展长期处于世界加工制造低端产业链的重要原因之一。

设计服务与产业的融合，通过设计对消费者合理引导、需求的研究，有别于传统产业链高耗能、高付出、低回报的发展模式，是对传统产业的颠覆、解构、重组和改善，能够衍生出具有功能价值、消费价值的高附加值的创意产品、文化产品。而目前对设计服务的理解，多停留在消费型创意产业的浅层认知，如视、听、娱乐经济，以及收藏、旅游、演艺、游戏、休闲消费经济等。其在各种狭隘功利的商业认知驱动下，换上包装、商标/徽标，经过炒作后，摇身一变成了脱离人生产、生活而具有文化噱头的"创意产业"。我们应清醒地看到，设计取得了商业效益是浅层次的，发展商业消费型创意产业并不是对文化的传承、发扬，而是文化传承在商业、金钱、利益面前的迷失、被践踏，使设计在商业投机、资源损耗、有计划废止等的恶性发展上起到了推波助澜的负面作用，这也必然触动设计在创意产业中的伦理反思。

当下并不是缺少好设计，而是缺少设计与产业、商业模式、跨界转化的融合探索。新形势下，由于国际产业链的分工，国内传统制造业企业多处于价值链末端，尚未形成具有较强国际竞争力、拥有自主知识产权核心技术的产业梯队。面对经济增长方式的转型升级，资源消耗的无序性，人工成本的不断增加，设计思维与产业的融合不失为一种有效的解决方法。片面发展依靠强调个人创意、艺术、审美的消费型创意产业，如创意市集、艺术设计、现代艺术市场、文化创意园等，很难形成真正意义上的产业核心竞争力。发展符合我国经济特点的创意产业，充分发展先进制造的科技创新及研究产业转化、提振国家核心竞争力的生产功能型创意产业，才是国家经济、科技核心竞争力提高的关键。

在互联网时代，多元化消费意识需求对设计服务与产业的定位认识提出了新的要求，逐渐从自身技术、战术层面向设计商业模式的战略层面转化。设计不再是天马行空的个人遐想，抑或是设计师个人灵感、创意、自我情感、单纯的色彩与造型变幻的表达，而是能够被系统化、被管理的设计产业。在产业链中，需要以设计的原点与终点为出发点，结合市场趋势分析与预测、评估，以及企业价值、品牌文化定位、理念、消费情感与商业逻辑等，注重设计思维与产业各个环节的融合，逐渐探索出创意源、原创构想、方案设计、试验模型、初步市场化，创意产业化的设计服务与产业结合的设计产业链发展模式。

例如，宜家中的设计服务定义就不是简单意义上家居产品的设计制造，而是集设计、功能、质量、用户研究、可持续与低价于一体的"民主化设计"理念。"民主化设计"是宜家商业模式的核心。宜家认为设计应从消费者的洞察开始，每年派出大量带着不同主题的研究员，到世界各地以"家访"的形式，对目标对象开展详尽的用户研究，观察他们产品使用的具体情况，从中发现设计机会，并以此作为设计的原点，设计出"4×4产品矩阵"产品策略，将宜家风格划分为乡村、斯堪的纳维亚、现代、瑞典潮流四种风格，以及高、中、低、BTI（breath-taking item，即"心跳价产品"）四种价位策略，很好地平衡了设计服务与消费者、产业之间的关系（图3-2）。

图3-2　宜家设计创新的"民主化设计"部分产品展示

(资料来源：宜家家居官网)

在这里我们需要清醒地认识到，对于设计服务的误读，使之游离于产业之外，局限于单一平面、产品等技术层面，是认知的画地为牢，其深层内涵与外延是为消费者服务而采用的综合方法、载体，是消费者与企业沟通的桥梁及营销需求的手段。设计与产业耦合是在功能型创意产业与消费类创意产业链中，形成新的设计产业链、价值链思维意识，建立新的设计思维、方法论，而不是独善其身的纯粹的艺术作品创作。

三、设计价值链概念的内容

有别于传统企业价值链经济利益诉求，设计价值链包含创意设计、制造、营销推广、媒介传播、消费服务等环节，与技术资本、文化资本、人力资本、产业资本等生产要素，共同构成设计价值链系统，其核心本质是以用户合理需求为终极目标。通过创造更为合理的生活方式，注重统合综效、整合协同，以低成本、高效改造优化传统产业，解决设计在产业外游离、处于产业链末端的尴尬现状，使设计更好地为产业发展服务，以实现传统产业的拓展与升级增值。向消费者提供创意产品与服务，将显性设计和隐形设计思维与创意、生产制造、售卖与消费环节相结合，贯穿创意设计阶段、产品开发制造、市场营销推广、媒介传播商品消费阶段的全过程，将设计、创意内涵产业化，使设计与设计思维以更高效的方式和现有产业结合，构筑设计产业价值链，推进设计与产业的融合，进行有别于传统的创新、改造升级，最终达到设计价值、企业价值与社会价值的综合提升，设计价值链思维内涵与现在推行的"互联网+"有异曲同工之妙（图3-3）。

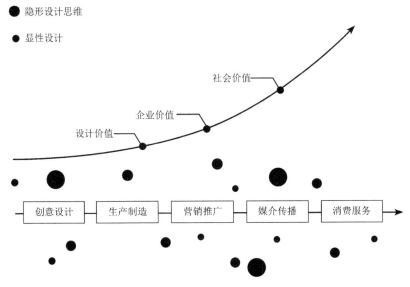

图3-3　设计价值链与综合价值的关系

在互联网时代，传统行业间的行业属性壁垒正逐渐消亡，经济发展模式的变化改变了以往通过复杂产业价值链获得利润的方式，企业价值链重新定位、解构与整合，从而突破了原有产业发展局限，形成新型创意产业设计价值链的融合，成为实现产业转型升级的关键。波特"价值链"理论揭示单一环节的竞争已经不是企业竞争关键，依靠设计与产业各自单向发展，已经不能适应时代的需求，而应放眼整个价值链的竞争，价值链整体综合竞争力的高低是企业发展的关键。

在创意产业价值链中，产业增值的关键在"微笑曲线"两端，在设计价值链构建时，生产功能型创意产业与消费服务型创意产业相互交融影响。生产功能型创意产业是价值链的核心、关键，形成以先进制造为基础，知识产权保护与利用、转化为核心的多渠道、多元化产业价值链；消费服务型创意产业着重以品牌、服务及渠道等为主，是设计价值链的延伸增值空间。

在新形势下，产业内外、消费环境的变化对设计产生了直接的影响。一方面，由于经济结构升级的大趋势，产业从低附加值转向高附加值，高能耗、高污染转向低能耗、低污染，粗放型向集约型转型升级。另一方面，新时期消费价值内涵也发生了较大变化。鲍德里亚说消费的不是物品，而是关系本身，关系构筑了自我容纳和生产自足的符号意义体系。曾经作为主要购买目的的功能性消费不再是唯一诉求主体，符号消费成为人们实践、感知、意识配置与整合过程的控制系统。价值链真正的价值源泉是价值链末端的消费者，消费主体需求的多元化使创意产业具有网状结构特征的设计价值链，任何一个环节都可能成为价值创造的起点，进而带动产业链的增值。消费价值内涵的变化，通过设计对产业系统活动的介入，加强设计与产业的融合，对原有企业价值链进行优化、重构，形成设计链条增值的集合体，构建优于原有价值链的设计价值链。

设计价值链是由各增值环节构成的复杂综合网络系统。设计价值链是创意技术化、文化创意化与技术产业化整合创新融汇的过程，体现了以设计为核心开展价值链系统探索的属性特征。经过创意源、原创构想、方案设计、试验模型、初步市场化、创意产业化的设计服务与产业结合的设计产业链发展模式，设计、制造、渠道销售和消费者各环节共同构筑价值链，形成了物理空间上的产业主体集聚（图3-4）。

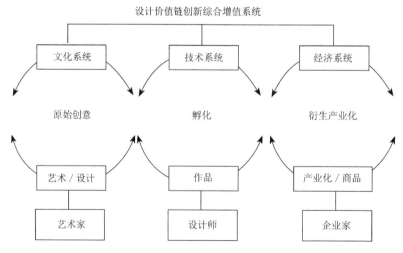

图3-4　设计价值链创新综合增值系统

　　设计价值链的构筑可以通过两方面实现。一方面，可以通过全产业链、模块化实现设计的规模经济，也就是说从设计创意源头到产业化，从分散独立设计、设计工作室向设计产业化的转变，呈螺旋式上升态势。设计价值链作为上、中、下游设计创新转化的增值链，利用设计在产业链主体间转移、流动、转化发挥增值作用，实现价值增值，最终实现产业化。如迪士尼公司以品牌为基点，利用设计"利润倍增器"提升经济效能价值。前期通过动画片的票房、拷贝和发行，获取第一轮利润；中期通过对后续产品、主题公园的开发等，获取第二轮利润；后期则是品牌相关衍生产品，通过知识产权交易授权，获取第三轮利润。另一方面，与传统企业线性产业链形式不同，创意产业设计价值链呈现出明显的网状结构特征。通过与设计价值链系统中下游功能模块融合，推动设计师品牌为主导的多学科综合团队建设，提升彼此协同创新效率，促进设计创新思维与实践在设计价值链系统中转化，提高产业核心竞争力，构筑完整的设计价值链，促进创意产业的发展。

　　在创意产业中，沉迷于"为创意而创意，为设计而设计"的表象追求，只会迷失对目标对象本质的探索，深化"设计改变生活，设计优化生活"核心认识，明确"创意"与"设计"不是目的而是方法，探索设计与产业融合的研究，使设计更好地为产业服务，充分发挥设计产业价值链的增值效益，促进设计与产业系统整体升级和全面发展。同时我们也应看到，创意产业对产业结构转型的理解不是开了多少创意店铺、创意市集、文化创意园，而设计产业化也不是消费型创意产业化，今天生产一套餐具、明天生产一件青花摆件等产品就是创意产业；不应本末倒置地把互联网简单理解为营销工具，审视创意产业不应为表象所迷惑，应回归到技术核心驱动与为人服务的本质相结合层面，加深设计服务与产业融合的设计价值链认识，才是开展知识整合创新实践和全面发展创意产业的根本所在。

第四章　创意产业与设计驱动力的耦合思辨

第一节　纷争面纱下的创意产业

1997年，英国成立创意产业特别工作组织（creative industries task force，CITF）[1]，"创意产业"正式出现在文献中，从现有文献中可追溯至1998年11月英国文化媒体体育部发布的"创意产业图录报告"（CIMD），"报告首次提出并正式界定了'创意产业'的概念和具体的产业部门，并将其描述为一种源自个人的创造力、技能和天分，通过知识产权的开发和运用，具有创造财富和就业潜力的行业"[2]。文件还规划出建筑、设计、广告、出版、影像、电视、音乐、演艺、古玩、手工艺、时尚、游戏及计算机软件等13个领域为创意产业范畴。[3]

经济全球化的加剧，产业资本的转移与国际产业链分工的再分配，使工业时代的生产型经济模式开始向数字信息时代的知识型、服务型经济发展模式转变，在经济、社会、文化等领域逐渐形成了新型发展趋势的创意产业高级形态。自1998年英国政府提出创意产业后，创意经济作为新兴经济发展趋势，开始进入公众视野，许多发达国家或地区将其上升到国家发展战略的层面，并在诸多领域展开一系列相关理论与实践探索研究。

笔者通过中国期刊全文数据库检索发现，创意产业最初以理论文献研究对象的形式进入公众视野。国内最早的理论论述文献是刊登在《IT经理世界》2003年第二期署名为刘勇的《创意产业》。这篇文章中谈到"创意不单对艺术及文化重要，就是对企业，创意也是成功的重要因素"[4]。直至2006年，《国家"十一五"时期文化发展规划纲要》首次提到"创意产业"，"创意产业"才正

[1] 约翰·霍金斯.创意经济:好点子变成好生意 [M].李璞良，译.台北:典藏艺术家庭股份有限公司，2003.
[2] 郭嘉.从"文化产业"走向"创意产业":对广告产业发展有关问题的思考 [J].广告大观（理论版），2010(6):54-58.
[3] 张京成.中国创意产业发展报告（2006）[M].北京:中国经济出版社，2006;于平.中国文化创新报告2010[M].北京:社会科学文献出版社，2009.
[4] 刘勇.创意产业 [J].IT经理世界，2003(2):14-15.

式进入中国学术界研究领域。2006当年与之相关的研究文献迅速升至475篇，成为当年十大高频热词之一，2006年也被相关专家学者称为"中国创意产业元年"。

一、逻辑勘误

随着经济产业结构的转型升级，创意产业作为一种新的发展趋势，被认为是未来全球经济发展的革命性变革力量，被誉为未来后工业时代的"黄金产业"。然而，作为当下学术研究的新兴热门课题，由于国内没有与西方"创意产业"相对应的理论、概念，国内传统研究"文化产业""文化工业"领域的学者认为创意产业脱胎于文化产业，与"文化产业"有着深厚的渊源，立足于自身专业领域范围，结合原有"文化产业""文化工业"中部分相似内容，将创意经济视为文化产业的一个下属分支，展开关于"创意产业"理论内涵与实践、不同立场与意识形态的激烈讨论，衍生出"文化创意产业""创意产业"等众多"新"概念。视"创意产业"为未来发展的"新"型产业范畴，逐渐成为时下论战重要的前沿领域与热门话题，并将"艺术""创意""设计"等作为"创意产业"的主要代表性行业加以认识，这也成为后来"创意经济"认识、实践乱象的重要原因之一。

文化创意产业是当下流行热词，但学术界对创意经济的基本概念与理论认识存在诸多矛盾与误区。国内各种相关"创意产业"的延伸释义层出不穷，如文化产业、文化经济、创新经济、创意工业、创造性产业等。在经过动漫热、创意产业园集聚区、电影业等繁荣、膨胀式发展之后，我们应清醒、理性地审视：什么是"创意产业"？它能给我们的经济、文化、社会发展带来什么？动漫＝"创意产业"？创意园＝文化创意产业？如何发展文化创意产业？

究其学理根源，约翰·霍金斯的"创意经济"理论在一定程度上存在概念泛化、定义模糊的问题。约翰·霍金斯在《创意经济：如何点石成金》中首次提出"创意经济"理论的基础概念：源自个人创意、技巧及才华，通过知识产权的开发和运用，具有创造财富和就业潜力的行业。[1]他认为创意价值的产生是："创意经济（CE）等于创意产品的价值（CP）与交易次数（T）的乘积"，并将"创

---

[1] 郭嘉. 从"文化产业"走向"创意产业"：对广告产业发展有关问题的思考 [J]. 广告大观（理论版），2010(6):54—58.

意产业"机械地划分为"广告、建筑、艺术和文物交易、工艺品、设计、时装设计、电影、互动休闲软件、音乐、表演艺术、出版、软件、电视广播等13个领域"[1]。另一位创意经济学者凯夫斯则更为狭义地将"创意产业"定义为：具有广义价值的娱乐性、文化性与艺术性或相关产品和服务的文化娱乐消费业，涉及书刊出版、视觉艺术、时尚、表演艺术（戏剧、歌剧、音乐会、舞蹈）、电影与电视、游戏、玩具等领域。我们从中仔细分析不难发现，早在"创意产业"相关理论概念出现之前，诸多行业领域早已独立存在，而在新的发展时期便突然被扣上西方"创意产业"的帽子，摇身一变成了一个改变未来经济发展的新兴朝阳产业，并认为是未来经济发展的主要驱动力。可见，霍金斯等系列"创意经济"理论只是一个虚妄的构架规划，对于产业经济并不具有实质性的说明内容，更不能促进真正意义上创新价值的产生。

此外，国内部分专家学者在霍金斯、凯夫斯的"创意经济"理论基础之上，衍生出"文化创意产业""创意文化产业""文化创意内容产业"等"新"的概念名词，尤其注重借鉴、移植、嫁接学习英国创意产业发展成果，我国台湾地区创意产业的发展成果进一步加深了"创意产业"与"文化产业"语义辨析的模糊性。"创意产业"与"文化"挂钩，成为一种新型产业类型——"文化创意产业"，在相当长一段时间被杜撰的新名词代替，造成"文化产业""文化工业""创意产业""文化创意产业"概念的混淆，"文创"演化为"创意产业"研究的代名词（笔者在博士论文写作之前，曾一度认为以上皆是"创意产业"的不同译本称谓）。

而今，当发达国家或地区完成工业文明成果积累后，通过"知识创意经济"推动经济跨越式发展时，我们却忽视了"创意产业"的两大核心——创意与知识产权，将创意产业等同于文化消费型创意产业，而与缺少知识产权的先进制造技术创新相背离，形成当下空谈互联网思维、O2O、App、商业模式创新等乱象，仍旧沉浸在"互联网思维"泡沫里歇斯底里地狂欢。但是，这种"一刀切""跟风尾随"的创意经济发展方式认知，是否适于当下国内经济的实际发展状况呢？

新时期，我们在对"创意产业"理论产生原因、过程的研究与实践中存在的盲从崇拜，不加甄别、一味地机械照搬，而忽略其特有的产业、经济、社会、文化基础，以及成熟的工业化体系与完善的市场环境，过分盲从跟随西方"创意经

[1] 许全军.创意经济中的深圳出版业发展之道[J].特区实践与理论,2010(4):80-82.

济"理论领域的界定划分，而忽视了对"创意产业"内涵本质、本土化路径、方法等方面的探索研究，实有"买椟还珠"之嫌。当下研究如何更好地适应于我国经济发展现状发展创意产业，是有待思考的严肃命题。

"创意产业"的本质内涵在传播过程中产生了一定程度上的异化。一方面，业界对"创意产业"中的"文化产业"（cultural industries）与"文化工业"（culture industry）两者概念存在认知混淆的情况，认为"创意产业""文化产业"与法兰克福学派认为的"文化工业"存在天然的一致性。笔者经过查阅文献研究之后，认为二者实则分属不同领域，不存在继承、演变与转化的关系。法兰克福学派认为的"文化工业"，是在1944年，由霍克海默和阿多尔诺所撰《文化产业：欺骗公众的启蒙精神》一文中首次提出"文化工业"是文化、艺术工业化形态（大众文化的商品化及标准化）的比喻性说法，是从上而下"有意识地结合其消费者"，用工业品的方式生产"文化产品"。"文化产业"是相对客观、中性的概念，不似法兰克福学派对工业产品具有批判的意味，仅仅从经济学角度对文化行业与市场、经济之间的紧密联系加以描述，文化产业与文化行业同义，文化产业更趋向于"文化"向着产业化集聚模式方向发展。

另一方面，对"创意产业"的理解，渐渐偏离其本质内涵发展的研究范畴。在国内，一部分专家学者将"创意产业"定义为以"文化娱乐消费产业"为主要内容的"创意产业"，抑或文化为主要内容的产业高端环节，在一定程度上，误导读者混淆了创意产业本质内核的认识。将文化、艺术与"钱"挂钩，过分追求局部的商业利益，单纯追求一件艺术品拍卖至上亿元的商业价值，错误地认为凡是与文化领域相关的经济活动，都可以归结为广义的文化创意产业，使创意产业概念泛化。更有学者将文化创意产业隶属于消费驱动型产业，过分夸大文化娱乐消费在"文化创意产业"中的作用，"创意产业"被看作"万能产业"，承载着未来经济发展的希望，甚至有人认为"在文化创意思想引领下的新的工业和服务业，将取代传统产业成为经济发展的新的动力"，此种认识而产生的泡沫对未来经济、社会的发展是有百害而无一利的。

在创意经济理论实践认知中，也存在诸多乱象。随着产业结构的转型升级，城市产业布局、用地结构的调整优化，经济快速发展，逐渐淘汰传统落后的高耗能、高污染、低产能产业，遗留下大量原有工业建筑，如仓库、旧厂房等"工业遗产"。国内各地针对"工业遗产"的开发再利用，如火如荼地开展了一系列关于创意产业的实践活动，利用产业集聚效应，大力兴建创意产业园。

通过将文化资源、"工业遗产"转化为经营资本，实现经济全面协调可持续发展，既继承了民族传统文化，也提升了当地综合竞争力，原有"工业遗产"转变为实现新的经济增长点的"创意产业园"，其理念初衷非常好，但实际运作与实践往往事与愿违。由于创意产业园主导者多为地产商，"创意产业"最后变成了新型的"圈地运动""创意地产经济""形象工程"，出现了部分创意产业园披着"创意产业"外衣，巧立名目，大搞房地产"圈地运动"，创意产业园区变成了黄金地产。如某市即将开启的美食城地产项目，针对政府审批工业用地难度较大的实际情况，于是套用"创意产业"的名头报建，最后却使创意产业园摇身一变，变成了美食城，土特产店、沐足城等堂而皇之进驻，同时还可以套取政策项目补贴，实为"挂文创之名，行商业地产之实"。这种假借创意产业之名圈地圈钱，造成各地产业园的盲目扩张、重复建设、同质化的严重后果，对资源造成极大的浪费，时至今日依然没有减弱的迹象。部分地方政府领导视察产业园时，对园区内部创意、设计等创造型、智慧型相关企业的产业集聚产业链、模式研究、品牌建设等内容关注较少，而更为注重设计企业税收业绩，园区文化、休闲氛围的营造，以及时尚购物、餐饮娱乐等消费形象政绩工程建设方面，如此粗浅地理解创意经济实在失之偏颇，使得创意产业越来越受到学界与社会各方的质疑。

我们在这里必须理性地认识到，文化消费只是作为"创意产业"的表现形式之一，是局部而非全部。目前，一般意义定义的"创意产业""文化创意产业"只是创意产业内核本质的初级表征形式。

二、内涵界说

对于创意产业内涵概念的探讨，学界一直存在诸多争议，面对创意经济衍生出的乱象，却又促使我们不得不直面其内涵的探讨，对已开展的实践活动及理论成果进行归纳总结，为我们下一步开展"创意经济"活动提供一定的理论支持。

"创意经济"理论进入国内后，在关于"创意产业"内涵解读的讨论、实践中，笔者主要将其归纳总结为两类：一类是以国外学者霍金斯、凯夫斯、哈特利、理查德·弗罗里达等为代表，国内以厉无畏、金元浦等学者专家为代表。约翰·霍金斯的"创意经济"理论提出后，研究重心主要集中在对产业领域的界定辨析上，凯夫斯则更为狭隘地将其定义为"消费娱乐业"，将创意产业认为是有别于传统产业理念的新产业类型，将"创意产业"直接等同于文化、艺术相关的"文化创意产业"。根本观念是利用设计、文化、艺术的"越界"，推动不同领域的相关行业统筹组合，成为推动经济、文化发展新的增长点。笔者认为这一类观点单纯地将"创意产业"理解为一种产业，存在一定的局限性，较为武断、片面，并没有触及"创意产业"的核心内核，曲解了"创意产业"的内涵价值。另一类则从经济学角度，与前者产业形态归类划分有着较大的不同，认为"创意产业"具有高知识性、高附加型特征，以知识、智慧、灵感为核心，运用创造性智慧将科技信息技术、传播技术等为内容的研发、生产、交易、消费各环节与行业相结合，是新时期创新、创意、创造特定的外在物化表现，以及实现经济、文化、技术相互融合的产物，认为"创意产业"是一种经济发展的新型形态。

在当今知识经济时代，商品与服务作为生产、分配、交换、消费的综合系统，被赋予了新的内涵与时代要求。面对经济的快速发展，物质消费需求、精神消费需求日益增长，带动了创意产业的快速发展。1986年，美国经济学家保罗·罗默在《递增收益与长期增长》一文中，首次将"创意"引入经济研究领域，指出以人力资本和创意为代表的"创意产业"，不仅是产出"创意"产品，还是"创意"与产业化盈利模式之间的重要联系，这也成为创意产业理论的雏形。相较文化创意产业而言，创意产业属于更深层次的内涵范畴，是宏观层面交叉性的概念。创意产业是继农业自然经济、工业经济、商品经济——物质资源消耗粗放型增长之后，代表着集约型经济发展模式的新型发展阶段。作为社会发展高级阶段的必然产物，创意经济是科技、信息、知识经济时代社会、经济、文化发展的高级形态与核心内容，是可持续发展理念的深化与延伸。弗罗里达认为，以知识和创意为代表的创意经济的出现逐渐"取代传统自然资源或其他有形物质资本，成为社会财富创造与经济增长驱动力的主要源泉"。[1]

西方提出"创意经济"作为经济发展新动力，是在完成现代工业化的基础上展开的。我国与发达国家发展创意经济的产业基础不同，他们在核心技术研发、先进制造、管理、渠道等方面已做好了原始积累，而我们虽然发展了现代工业，但远未实现现代工业化。企业价值链不健全、未脱离加工制造的产业基础、产业品质层面未达到及格状态等因素，都是制约创意产业发展的瓶颈。日、韩等国家根据创意产业理论，发展出适合自身特点的创意产业，而我国目前对创意产业的理解，则多定位于消费型创意产业。当下流行的互联网思维、App泡沫、创意产业资本运作更多是一种趋利投机，是营销思维借助互联网平台而产生的变种，创意、创新成了噱头，成了吸引眼球的融资神话。发展脱离实体经济，出现大量打着互联网思维的明星山寨泡沫企业，依靠一款App动辄圈取千万融资，成为单纯追求财富的疯狂幻影。

在当前经济全球化的时代大背景下，产业价值链分工逐步加剧。在全球创意价值链中，根据自身的经济、资源优势和文化内涵特色，通过向传统农业自然经济、工业经济、商品经济、服务经济等领域，注入文化或创意的含量提升其附加值，以实现创意经济的转化，从而更好地融入国际竞争当中，确立自身的国际地位。创意产业作为不同国家和地区根据自身综合竞争资源发展的主要对象，由于我国发展创意经济受基础条件与规模、市场需求与环境、资源要素、产业发展环境与结构、科技水平等系列综合因素的影响和制约，对创意产业的内涵认识，与发达国家或地区存在较大的差异，目前尚处于创意产业发展初级阶段，即创意产业价值形成与分配的初始1.0版本，并未达到创意产业核心本质的高级阶段。

通过对霍金斯创意经济理论中"源于个人创造力的技能和才华，而通过知识产权的开发和运用，可以发挥创造财富和就业机会的潜力的活动"[2]的解读，可以理解为"创意产业"的主体是人，也可以理解为"人的创造，为人的创造"，以提高生产效率、生产力为根本目的，通过人的创意、创造性思维这一根本动力与核心要

---

[1] 陈伟雄，张华荣. 创意经济：缘起、内涵与分析框架 [J]. 经济问题探索，2013(2):44-48.
[2] 郭嘉. 从"文化产业"走向"创意产业"：对广告产业发展有关问题的思考 [J]. 广告大观（理论版），2010(6):54-58.

素，与现有生产要素与资源相结合，进行优化配置与高效转化，其实质内容是知识产权的交易，塑造稳定、可持续地优化生产力、生产关系的能力，更深层次是对技术、文化、经济整个系统领域"生产、生活方式"的阐释。

在一定程度上，将创意产业看作一种特殊的新型产业形式，其认识并没有错误，经济的全球化促使产业结构进一步优化升级，促使以创意产业为主要内容的创意经济产生。创意产业作为创意经济的主要表现形式，是"创意"的产业化与产业"创意"化内涵的结合，两者助推产业结构优化升级，进一步推动了创意经济的发展。创意产业是从概念到作品、产品、商品有形化转化过程的载体与保证，也是企业创新、经济快速发展的重要保障。"约翰·霍金斯曾形象地形容创意经济和知识产权之间的关系："知识产权是创意经济的'货币'，知识产权保护就是创意经济的'中央银行'。"[1]只有明确了知识产权在创意经济中的核心地位，才能保证创意经济中知识、信息、创意、创新的良性循环。

但是，创意经济不等同于创意产业[2]，两者既相互联系，又相互区别。"创意催生创意产业，创意产业构成整个创意经济的核心"[3]，创意经济衍生出诸多新产品、新服务，而形成的产业类型在经济转型升级、社会文明进步、创造文化繁荣方面具有强大的推动力，创意经济作为全新生产方式的价值表现并没有因此受到质疑。创意经济不是作为一个纯粹的产业概念，或者独立的产业客体属性存在，而是存在于社会、经济、文化、技术之中，是融合的关系。创意产业作为创意经济的主要表现形式，是高文化附加值、高科技含量、高效益与创新性的产业集合，不能狭隘地局限于文化、艺术、设计商业转化等，或特定创意产业领域属性关系来定义创意经济。如果将创意经济狭隘地局限于文化、艺术、设计范畴之内的消费性创意产业，势必会削弱创意经济内涵价值与竞争优势。

创意产业作为创意经济的主要表现形式，是产业的"产业"。根据目前社会产业的分工程度，创意产业无法真正意义上实现与其他产业相分离，成为完全独立的产业类型；而又称为产业，原因在于创意产业的内核因子客观地存在于其他

[1] 王少飞.知识产权：创意经济的"货币"[J].新经济导刊，2006(21):61-64.
[2] 此处的"创意产业"指狭义上的具体产业类型分类。
[3] 陈伟雄，张华荣.创意经济：缘起、内涵与分析框架[J].经济问题探索，2013(2):44-48.

产业领域。创意经济作为经济发展的高级阶段，代表着新型生产、生活方式融于产业内外且具有较强的带动经济、社会、文化等多方面发展的联动效应。创意经济既与产业、经济建立直接联系，也可以同高科技先进制造相结合，同时对传统文化复兴重塑起到重要的积极作用。充分挖掘创意产业的内在潜力，进而提高社会、经济、文化各方面的整体创新能力，优化资源配置，提高人们的生产、生活水平，走向产业融合、文化多元互补、环境可持续发展的良性循环道路，都有着积极的意义。

笔者认为：创意产业非一般意义上创意的庸俗经济化，而是以创意智慧、创新思维与有效社会资源的优化整合配置与产业渗透张力，通过建立有利于生产、生活、消费方式的"调研—设计—制造—市场—品牌—服务"系统产业链，具有高度自主知识产权的集约型新经济发展模式。

创意产业是围绕"人"而展开的，"创意""产业"的概念既不是各自独立，也不是机械地叠加，"创意"知识产权作为创意产业的核心价值要素与核心资产，为创意产业的发展提供动力，而文化作为创意的灵魂，赋予创意产业的内涵附加值与特色。创意产业所体现出的文化内涵，是创意与创造性思维产生的源泉，也是发展创意产业的灵魂与内核，以原创性、创新性挖掘大众认可的文化内涵，能产生巨大的价值潜能。科技是实现创意、文化双提升的载体与手段，将创意、文化、艺术、科技等方面的无形资源有机融合物化并协同发展，实现知识经济时代背景下，文化与科技高附加值创意产品与服务的生产、分配、交换和消费，共同构筑新时期产业结构的优化升级与转型，提高人们的生活质量，增强经济综合竞争力，推动社会先进生产力发展与财富价值的实现。

可以说，没有"文化"，"创意""产业"的融合就无法实现真正意义上的"创意产业"。

第二节　创意产业中设计驱动力的建构与逻辑

设计驱动式创新作为自主创新的重要补充，能够有效地实现设计资源、文化资源、技术资源的优化配置，功能性创新与文化竞争力创意各自侧重的组合策略，是提升产业发展创新与创新绩效的重要战略举措（图4-1）。设计驱动产业创新作为发达国家或地区产业发展的战略重点，以及创新战略的重要组成部分，通过成立专门的设计扶持、促进、监管机构，以及设立专项基金等措施，大力发展系列国家设计战略，综合提升国内产业设计创新水平。设计驱动产业发展创新已成为评价国家与地区综合竞争力的重要指标。新形势下，创意产业与设计服务综合交叉融合，对创意产业中设计驱动力内涵的深化与拓展，在当前学术界并未明确提出相关概念界定，两者融合产生的驱动力研究日益成为学术界研究的重要新兴领域。然而，在政府、企业、公众各层面对设计服务在生产、生活中驱动力的内涵本质理解却相去甚远，业界及学术界与之相关的研究、实践相对滞后，有待进一步深化。

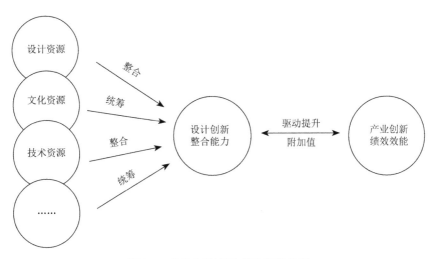

图4-1　设计创新驱动产业创新机制

随着经济全球化与国际竞争日益加剧，依靠传统加工制造高耗能产生利润的发展模式已不能与社会经济发展相适应，设计创新的加入使资源集约优化配置、利润的产生呈"井喷"态势，逐渐由"制造导向"向"设计导向"转型。设计创新在经济、社会发展转型与产业结构调整优化升级中，成为文化创新、科技创新双驱动引擎的动力机制。在创意产业内涵理念的指导下，作为新的经济增长点中的重要驱动力，设计在创意产业中体现出巨大的价值。促进设计创新与科技创新、文化创新等的深度融合，有利于调整经济结构，向新型、高端服务业发展，改善产品生产和提高生活服务品质，满足人们的多元化需求与资源优化配置等多重因素，向高端业态优化升级，带动诸多新兴业态的转型升级，直接影响制造业升级换代进程与经济结构调整，助推"中国制造"向"中国创造"转变，使"Made in China"不再是"低端制造"的代名词。

在一般经济活动中，实物、数据、量化标准多作为产业、行业中的重要评价指标，而设计作为一个独特的业态类型，与其他产业有着明显的不同，显性特征不明确，渗透于各个行业中商品与服务的生产、分配、交换、消费整个经济系统之中，使设计服务无法作为独立具体产业客体存在，无法使用标准数据来衡量设计柔性服务产出价值的高低。时至今日，设计服务作为产业发展中所产生的重要驱动力，依然未得到应有的重视。英国前首相托尼·布莱尔就曾说："如果下院议员们要对造船进行辩论，他们或许能制造出一艘；但是如果对设计业进行辩论，他们将会散会，因为在他们眼里，这简直就是不登大雅之堂的话题。"[1]

若仅从单一设计"产业"产值来衡量，其价值非常有限，但当其与制造业、影视业、广告业、出版业、服装业、互联网业等生产、生活中各方面相结合，所产生的附加价值却是巨大的。产业链中暗含"设计因子"作用的发挥，对于驱动产业快速发展产生的效能是不容忽视的。可以说，生产、生活中的衣、食、住、行都与设计密切相关，在当前经济发展模式转变过程中结合创意产业，厘清设计自身特质在其中所产生的重要驱动力，才能进一步促进创意产业的快速发展。如果通过设计服务对制造业进行能级提升，在材料、技术、功能、成本相同的情况下，由于设计创新的注入，能有效地优化产品、产业链、商业模式等，直接影响到企业的成败。英国设计家保罗·雷莱斯曾说："在竞争性增长的世界里，工业

---

[1] 原文摘自"Britain Can Remake It" in the Guardian, 22 July 1997.

化国家进入几乎用同样的原材料生产同一类产品的阶段，这时，设计就成为决定性因素。"[1]

有别于传统文化、艺术、设计艺术等象牙塔中的"独创性"，单一设计产业注重"个人的创新"，以静态点状形式而独立存在，所产生的效能影响因子较小。创意产业中的设计服务是建立在创意、策划、技术、制造、传播、管理、销售、服务等系统产业链的基础之上，对各个模块化的优化配置，更加注重彼此之间系统"链"的非加和性（图4-2），是从设计到设计产业链融合的理论思维的意识与实践，以及各方协作联合的产物。

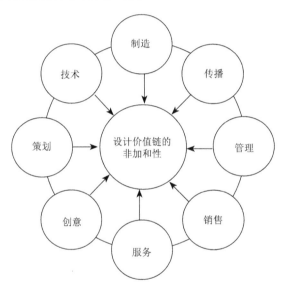

图4-2　设计价值链的非加和性

如前所述，设计服务与创意经济的本质内涵特征具有高度的一致性。设计服务是暗含于产业内的创造性服务型"产业"，它与"创意产业"都是源自个人或集体的创意，强调创新性与原创性，与知识经济时代发展理念、经济优化实践相一致，尤其在智力资源较为集中的城市出现，如北京、上海、广州、深圳的设计服务业发展就尤为迅速。另外，创意产业与设计都是以创意、创造性思维为核心要素与根本动力，以"人"为核心、以知识产权交易为实质内容而展开，是开展一切生产、生活的起点与终点。在设计与经济、文化、科技的融合渗透过程中，推动产业结构调整、优化资源配置具有低消耗、低污染与高知识性、高增值性等

[1]　张盛辉.再析企业品牌建设：企业转型与升级中品牌的重要性[J].福建质量管理，2011(3):26-29.

特征，是转变经济发展方式与可持续发展的重要途径。

创意产业作为具有高度自主知识产权的集约型经济发展模式，探索适于当下创意产业发展模式中设计驱动力的解读，非一般意义上将具体"创意""设计"的庸俗"经济化"。

创意产业作为创意经济发展的主要表现形式，发展设计驱动力是发展创意经济的内涵需求。设计驱动产业发展创新有助于实现技术创新与社会结构的匹配，是对文化资源、技术资源等的创造性统筹整合过程。同时，设计作为市场进击与防御的有力武器，从营销角度来讲，是提高产品创新附加值、吸引消费者注意力与购买欲望等促销功能的重要手段，以在产品价值链上取得竞争优势。此外，充分调动各种经济、文化、设计等资源要素，结合当前最新科技成果，发展适合于"创意经济"的设计服务业，创造出良好的设计环境，尤其是创意产业下设计服务所产生的高科技含量、高文化附加值，推动创意产业效率的提高，成为诸多国家与地区大力发展创意产业的重要原因，如我国台湾地区大力发展以设计为主导的文化消费类创意产业，设计在其中就起了重要作用。一向强势的新加坡政府也于2003年成立设计理事会，并提出"设计新加坡"战略，把设计当作完成商业策略服务的重要工具，通过设计来刺激创新与经济增长，提高国家与企业全球化背景下的竞争力。新加坡设计理事会主席陈埃蒙说："设计从没像目前这样，成为新加坡未来经济发展的重要一环。不只在新兴的创意工业中扮演着重要的角色，还要在竞争日益激烈的国际舞台上脱颖而出，好的设计更是关键。"[1]

设计对产业的驱动，主要集中在创意产业中的文化消费领域、高科技智能制造领域两个方面。而当前创意产业的发展，则多局限于文化消费娱乐领域"软实力"的发展，片面、单纯地追求物质经济收益，这对国家经济、社会、文化的发展推动是非常有限的、脆弱的。若材料、核心技术、经济格局、产业结构发生变化，以及政治因素的干预影响，缺少有效的产业核心竞争力，就随时都可能改变已有的经济产业格局，使相关领域付出的努力付诸东流而变得毫无意义。李克强曾表示，"在新的发展形势下，实施'中国制造2025'，大力推动制造业由大变强，不仅要在一般消费品领域，更要在技术含量高的重大装备等先进制造领域勇于

---

[1]　http://www.xinhuanet.com.sg/2014-07/27/c_126801116.htm.

争先。打造创新驱动新优势，充分释放从创意设计到生产制造的巨大创造潜能，推动更多企业由产品代工向品牌塑造跃升，促进制造业和设计服务业深度融合"。[1] 只有将设计服务与创意产业的内涵、精髓相融合，转化为内在产业发展驱动力，助推国家支柱性产业的发展，才能真正意义上提高国家核心竞争力。

设计服务作为多重交叉学科，是产业中无形的辅助力量，大力发展设计驱动创新，在问题求解过程中，通过资源整合的创造行为，辅助产业经济迅速发展，既有艺术的感性创造，也有科学的逻辑推理，进而成为提升企业持续竞争力的核心关键与国家创新经济发展的重要驱动力。同时，我们也应理性客观地看待创意产业中设计驱动力的解读，既不能过分夸大设计对创意经济的驱动作用，也不能无视设计对经济产业、生产、生活的贡献。

创意产业作为创意经济的主要表现形式，被部分国家与地区称为知识经济时代且代表未来经济社会发展的支柱产业与新方向，并作为提升对外贸易的主导产业受到极大的关注。设计在产业发展中的驱动力与重要性是设计劳动商品化与社会化相结合的产物，创意产业中的设计驱动力的内核理论究其理论研究依据，主要体现在以下几个方面。

（一）霍金斯"创意经济"理论

霍金斯"创意经济"理论中的核心内容"知识产权"，包括四个方面：版权、专利、商标与设计。我们从中可以看到，设计作为经济发展中一个重要因素，首次被提升至一个全新认识高度，霍金斯的创意经济理论奠定了设计助推产业发展的重要理论基础。由于设计所处的时代、产业经济发展阶段的限制，霍金斯认为"设计只是一种形状或符号，与商标一样，具有与众不同和非比寻常的特性，在法律术语中，它是混合语，通常具有申请版权的资格，也可能具有申请某项特殊设计权的资格，并且往往可以像商标一样注册登记"。从中我们可以看到，霍金斯主要从经济、法律视角来认知产业中的设计，将设计等同于商标，依然将设计定位于产业中提供"外观""形式""装饰"的肤浅层面，而缺少从设计服务与产业之间融合关系的角度，深入探究设计的本质内涵。

---

[1] 陈二厚.以改革创新打造中国制造新优势：用转型升级推动发展迈向中高端 [N].人民日报，2015-06-16(1).

英国作为利用创意产业经济转型、缓解失业压力的代表性国家之一，2014年，其创意产业经济规模仅次于美国，为国家经济贡献714亿英镑（所有13个领域相关从业人员），并利用有效的设计思维与方法提升了创意产业综合效率与质量。《公共服务的设计改造》《英国设计力》研究报告中谈道："1英镑的执行经费，就可以为政府节约26英镑的支出；与设计有关的企业每投资125欧元，就可以创造285欧元的利润。"

但英国在践行霍金斯"创意经济"理论，发展创意产业的认识实践中也存在一定的问题，如在《伦敦创新战略与行动方案》（2003）中提出，将创意产业仅限定于艺术和文化产业范畴，并没有明确科学技术与专利在产业中的地位。需要明确的是，在知识经济时代，创意经济核心之一的"创意""设计"并不是单纯地指文化、艺术行业，而是其他行业（产业）与其相结合创造、创新产生的价值。创意经济中的设计服务，不仅存在于生活消费资料、高科技制造领域，同时也存在于其他产生高附加值的创造性活动之中。发展产业中的设计驱动力代表着新的思维创造方式与智力资源，具有新的内涵与特征，作为新兴知识经济关键生成要素，能有效地激发产业组织、企业、文化、社会、经济的内在创新活力，从而获得可持续发展的不竭动力。

（二）熊彼得创新理论

在知识信息时代，科技发展引领社会进步，重构社会、经济、文化的知识架构体系，创意、创新、创造性思维作为创意经济时代的核心要素和根本动力，进一步丰富了对创新内涵、本质的认识。

政治经济学家熊彼得根据创新浪潮的起伏，将经济发展分为产业革命、蒸汽钢铁机械、电气工业化三个时期。三个时期都是以技术创新与应用创新双螺旋结构为主导，共同演绎创新的内涵。熊彼特在20世纪初就提出，创新始终是各个创造时期的主体，经济发展中的资本和劳动力居于次要地位。新时期创意经济作为创新的源泉，其产生的价值效益远远超过了自身经济领域范畴，创造性思维、创造力成为创意经济的核心关键要素与根本动力。美国经济学家罗默提出"新增长理论"，认为创意与技术创新是经济发展原动力，同时能衍生出新的产品与市场，在经济社会发展推动力的表现上尤为突出。

随着新时期经济的发展，熊彼得创新理论对原有技术创新为主导动力发展模式的反思，在一定程度上丰富并发展了创意经济中设计驱动力理论，并进一步将创新内涵拓展到产品创新、技术创新、市场创新、资源配置创新、组织创新等五个层面。《经济发展论》将创新理解为对生产要素的统筹与整合，这与针对目标对象而开展的"计划""谋略"本质内涵高度一致。设计作为思维决策与执行等综合能力的智力资源，将现有的有形、无形资源及抽象概念与实体科研技术成果加以统筹整合创新，并转化为新的生产力。

创意产业作为"以人为本"的新经济思维模式，开启了以用户为研究对象，"以人为本"的创新"新"时期，成为创意产业探索研究的主体。在"创意""创新"原创性劳动过程中充分发挥人的创造力，利用技术创新、产业价值链高端环节，将设计服务具有原创性、新颖性和独特性的策略构想，与过程中的每个环节相融合，产生具有高附加值的新型创意产业类型，成为当今产业创新发展、获得持续竞争力的重要途径。

（三）马斯洛需求层级理论

美国著名经济学家约翰·奈斯比特指出，在以高科技为主导的现代社会中，人除了温饱和安全之外，更迫切地寻找人生的意义，要追求更高、更深、更远的东西。随着工业时代向信息时代过渡，人们的需求逐渐由物质功能生产型逐步向情感和精神消费、文化消费、服务消费等综合服务型转换，促使文化、创意商品与服务不断增添新的内容形式，通过产业集聚、资源配置进一步服务于经济的发展，而设计在人类生产、生活发展过程中一直扮演着重要的角色，其作用不容忽视。美国心理学家亚伯拉罕·马斯洛在《人类激励理论》中，将人类需求从低到高划分为生理需求、安全需求、社交需求、尊重需求、自我实现需求和自我超越需求六个层级，即人类在基本生存资源水、空气、食物的第一需求得到满足后，开始追求安全层面的追求，当这些要求得到满足后，进而追求价值认同与归属感的社会需求，最终达到自我提升的新层级，这与雅各布·布洛诺夫斯基"人之上升"理论有着诸多相似之处。

由于国际社会政治、经济、文化发展程度的不同，国家与地区之间对需求等级的认识存在较大的差异。发达国家与地区综合现代化程度较高，不单以追求满足功能效率为目标，对商品物质功能资料的消费诉求呈递减趋势，转而注重更高层级的内在独特性、异质性的虚拟附加价值、精神产品，对于"文化""消费"精神层面的需求呈加速增长态势，逐渐进入追求个人自我价值实现的高级层级。鲍德里亚在《消费社会》中同样也论证了这一观点。发达国家与地区从生产制造型社会逐渐向文化消费型社会过渡，面对产业、资源、人力等结构关系的变化，这也是创意经济率先在这些国家产生与繁荣的重要原因。

消费结构中"功能价值""文化价值""信息价值""体验价值"等诉求价值主体的变化，为创意产业的发展提供了巨大的发展空间。通过设计与相关产业及生产、生活的融合，为多元化的社会关系重构了新时期的社会架构，使消费者认可度与产品产生不可估量的附加价值增值，使消费者对设计的需求大幅增加，在一定程度上满足了日益增长的文化、精神需求，促进了创意产业的繁荣。

（四）波特竞争战略理论与价值链理论

波特理论根据基本要素、效益、创新三大因素，衡量分析产业竞争力，将产业发展划分为要素驱动经济、效益驱动经济和创新驱动经济，对设计驱动经济产业的发展具有一定的理论指导意义。

波特理论对设计服务与产业之间的关系，在其理论中有着较为明确的论述。依据波特价值链理论观点来看，形成设计业竞争力的政策法规、产业形态与管理、产业品牌与文化资本、人才教育培养等系列创新机制，以及具体到设计、生产、销售、渠道等都是整体价值链的概念，其产生是由设计产业价值链中诸多环节相互作用的结果。价值的创造是由一系列活动共同演绎创造价值链的动态过程，而不能孤立地看待产业链中的各个环节，揭示了价值链竞争力高低的产生，不是"价值链上单一环节的竞争，而是整个价值链的竞争，直接决定企业综合竞争力"。用波特的话来说："消费者心目中的价值，由一连串企业内部物质与技术上的具体活动与利润所构成，当你和其他企业竞争时，其实是内部多项活动在进行竞争，而不是某一项活动的竞争。"[1]这一基本理论明确表明了当前过分注重发展以技术、生产要素为驱动的价值链，而忽视了设计创新在产业链中的内涵价值，失去了对整体产业价值链的发展提升，存在一定的问题与弊端。波特关于设计服务与产业发展关系的论述，对当下重新理性审视创意产业中创意、设计服务的价值作用具有重要意义。

由于国家或地区的产业与竞争力发展，处于不同导向的经济发展阶段，设计服务在不同发展阶段的影响力亦有所不同。当前我们对创意产业的理解，尚处于以生产要素为导向阶段，一般将设计服务划分为文化、艺术范畴领域，多解决外观、装饰的"好看"阶段，以"散点"的形态依附于产业经济的发展过程，尚未形成有效的驱动力，以至于在经济发展过程中处于可有可无的尴尬境地。

随着由效益导向型向创新驱动型发展转化，作为产业发展重要辅助作用的设计服务，与产业的交叉融合变得日益密切，设计在相关产业发展过程中的地位与重要性越来越重要。在新的历史时期，国务院在《关于推进文化创意和设计服务与相关产业融合发展的若干意见》中首次将设计服务提升到国家战略层面，将设计服务作为"支撑和引领经济结构优化升级"的重要抓手，进一步促进文化创意和设计服务与相关产业融合发展，明确设计服务在优化社会资源配置、提升产业的综合竞争优势、增强国家竞争力等方面的重要作用。

---

[1] 宋砚清，孙卫东. 提高大学生初次创业成功率之术：基于产品价值链的视角 [J]. 技术经济与管理研究，2016(2):35-39.

63

第三节　创意产业中设计驱动力的关联要素

设计服务作为知识密集型、高附加值产业，是创意产业内涵价值提升、综合实力提高的重要标志。以设计为主导的创意产业发展，在服务产业指导政策、统筹资源配置、企业创新驱动力、提升综合竞争力等方面有着积极意义，为未来社会、经济、文化、生态文明的发展提供了新的驱动力与发展思路。从狭义的角度来说，设计创新驱动创意产业发展，主要是依靠设计创新服务将艺术、文化、技术等要素融合、转化为具有较高附加值的具体产品或服务。但就广义创意产业设计驱动力的解读，不能简单地局限于特定的自身文化、艺术传统认知专业范畴领域，应提升到战略层面来加以认识。

设计服务作为驱动产业发展的重要引擎，随着设计与产业融合渗透性与扩散性的增强，促进设计服务与文化、技术，以及产业价值链中各环节的交叉融合日益密切，设计的巨大综合经济价值潜能得到发挥，获得了较大的产业竞争优势，推动了相关产业中知识、技术的集约化程度逐步提高，产业间的界限趋于模糊，加快了产业间与产业内部的更迭速度，产业结构由此向更高层级优化转型，并在特定的地理空间集聚形成新的产业集群，逐步实现波特理论中，三大一般性战略产业的"总成本领先战略""差异化战略""专一化战略"的递进转型。

设计服务作为产业发展的重要驱动力，受到多重因素的制约。对于促进创意经济中设计驱动力的发生、发展具有重要的影响，主要表现为以下三个方面。

一、创意产业中设计驱动力的关键要素——科技进步

从现代设计理论与实践的形成、发展历程来看，设计服务与科技创新的发展进步密切相关。在创意产业发展新阶段，科技进步作为创意产业发展的关键要素，技术的多样性为创意产业的发展提供了必要的技术支撑，也极大地拓展了创意产业领域，技术与设计的相互协作整合，深化并延伸了创意产业链，贯穿于产业发展的全过程。技术的进步、材料的更新使设计发展呈现出"民主化"的趋

势，科学家、商人、经济学家等都可以成为"创意""设计"产生的主体。当前，推动科技、创意、设计、文化的高度融合，成为创意经济时代的新型业态发展的内在需求，对推动设计服务优化，以及创意产业的生产、销售、流通、消费等产生了积极的作用。

从经济学角度来讲，在初始生产阶段，技术因素解决生产过程中的材料、种类、数量、比例、结构等问题，但技术因素不同，产生的结果也不相同，同样是结构、外观一样的产品，技术因素不同，设计需要考虑的因素也不相同，技术的进步意味着同一设计，能够借助技术的多样化实现不同的结果。例如，卡通形象，利用科技创新作为创意实现的重要工具，既可以通过传统纸质媒介漫画的形式表现，也可以借助数字技术成为动态动画，还可以借助无线通信技术以声音、声波的形式传播。所以，技术的多样化为设计服务与产业发展、融合的可行性与可操作性，提供了必要的技术保障。

当前，多媒体技术、信息通信技术、数字媒介技术、现代先进制造技术的植入，使传统"创意产业"的形式与内容进一步完善与丰富，优化改进了传统生产方式、产品、服务，在降低成本的同时，效率与质量显著提升。如互联网数字技术的发展，极大地带动了文化、艺术产品的复制、传播、交易、消费等创意产品的多样化发展，促进了广播影视、动漫、视觉艺术、表演艺术等众多创意产业类型的迅猛发展。在销售、消费阶段，针对细分消费群体的消费方式、心理、习惯、内容、体验等需求的不同，设计与技术的融合在极大程度上丰富并满足了不同消费者的需求，借助互联网与移动终端数字技术，使原有销售方式、渠道、仓储、物流等产业链环节，以及传播信息内容与媒介形式载体发生根本性的变革，以最快捷的速度、效率、方式直达目标用户，建立企业、消费者、产业等多方平衡共赢的新型产业格局，产生适应产业结构优化升级的新业态、产品、服务，带动诸多相关数字出版、影音视听、动漫、网络游戏等，以数字媒介多种形态为载体的创意产业的发展，进一步推动了创意经济的发展。

在传统媒介时代，艺术、广告、设计大师（达利、杜尚等艺术家及广告大师利奥贝纳、奥格威等）都是"创意""设计"重要的践行者，但彼时的"创意""设计"多从个人角度出发，对生产、生活的影响亦非常有限。随着第一次产业革命的发展，大大提高了出版印刷后期制作效率，节约了时间，推动了文化、艺术、科技的结合，使得有关知识的内容、形式批量复制成为可能，跨越了传统信息交流时空的限制，优化了人们获取信息的方法及传播效率，专业的分工逐渐细化。以纸媒介为载体，改变了设计原有专业的门类形式，使书装设计、包装设计、海报设计等现代化出版业、报刊业呈现新的发展样态，带动了设计相关产业的向前发展。20世纪40年代至70年代初期达到高潮的第三次科技革命，信息传播效能在技术的推动下，载体与目标对象发生了一定的变化，促进了影视、广播等电子媒介与传媒产业领域技术的进步，进一步改变了信息传播的内容与形式，设计的内涵与表征形式随之也发生了一定变化，信息传播的内容从二维静态的图形、文字、色彩，向动态、立体、多维的声音与光影图像符号转变。在一定程度上，这满足了人们日益增长的物质、文化等多重需求。

随着互联网、信息、通信、数字新媒体技术的运用，科技的创新开始与文化、创意、设计融合发展，技术、知识创新驱动力在经济社会发展中逐渐发挥决定性作用。原本注重个人能力的文化、艺术事业，不再局限于艺术与文化领域，大众传播效能逐步深化，其传播的速度与效率改变了传统产业系统格局。文化、艺术与产业相结合，促进了以"创意""设计"为重要产业内容、形式的创新，产生了创意产业与新媒体技术高效融合的现象。经济社会发展进入了以知识、技术、创新经济为主导的新型创新驱动发展阶段，以高新技术为代表的技术群形态，为产业信息化提供了坚实的基础。创意经济也逐渐成为知识经济时代的核心内容与发展方向，并成为未来经济、社会新的发展趋势。

科技的进步开辟了新的产业研究与实践领域，对设计的方式、方法、成本核算、知识产权、传播等内容产生了重大影响，是创意、设计服务发展过程中不可或缺的支撑与推动力量，使以创新技术为支撑的设计服务为满足创意产业物质生产与精神构建的双重需求成为可能。如传统设计是以手工、分工为主要特征的松散组织结构，而现在由于计算机创新技术与设计的结合应用，产生了演化与转变，节省了大量的人力、物力资源，也使创意阶层"民主化"与创意群体不断地向外扩张。

所以说，以设计为主导的创意产业的快速发展，与科技的融合发展是密不可分的，两者结合所产生的创新驱动力，能够为经济、社会、文化的可持续发展提供坚实的基础，同时，也是未来生产力快速增长与经济繁荣的关键动力。

二、创意产业中设计驱动力的因果要素——产业结构调整

在20世纪60年代，部分发达国家或地区在完成现代工业化的产业结构调整与优化升级后，开始将高污染、高损耗、低收益的加工制造业发展主体向第三世界转移。在此过程中所形成的新型跨国公司，则逐步向世界经济中心城市集聚。近些年来，深圳实行"腾笼换鸟双转移"产业政策与"总部经济"发展策略，形成新型"总部经济"发展模式。经过对产业发展历程的研究发现，产业结构的变迁，对现代创意产业中设计驱动力的产生有着重要的影响。这对正确认识创意产业中设计驱动产业发展的价值与作用具有重要意义。

互联网、数字技术的兴起，以及经济结构的转型，使原有产业格局发生了一定改变，集聚效应使中心城区高额的商务运作成本逐步提高，迫使众多跨国公司总部开始向其他相对边缘区域转移，这样就形成了城市的空心化，城市发展动力在一定程度上受到限制，如何解决城市动力衰退、产业疲软问题，就成了在原有产业发展效能、规模基础之上发展新兴产业的重要问题。在这种情况下，以英国为首的发达国家率先提出以创新为核心，依托现代高新科技，充分挖掘创意资源关键要素，发展以资源优化配置、高文化附加值、高科技含量为特征的创意经济。利用创意经济中设计服务的扩散、渗透效应，使设计服务于创意经济的第一、第二、第三产业各生产环节，从而实现产业结构的优化调整、升级，提升其在国际产业链分工中的地位，掌控"微笑曲线"中的关键环节，在产业价值链利润分配中具有支配权的同时，使原有生产竞争方式、生活需求、资源可持续利用概念产生深刻变化，为产业结构升级与城市复兴提供新的动力。

三、创意产业中设计驱动力的条件要素——需求升级

设计驱动力的产生固然与生产者（设计师）的理念、审美密切相关，但与消费者的互动联系更为密切，同时影响着设计业发展。政、产、学、研、用，其中

的"用"如何参与并影响设计发展，一直为设计业界、学界研究所忽视。而今探讨以设计为主导的创意产业，作为创意产业的主要表现形式，为不同领域、不同阶层的消费者提供了具有精神价值、观念价值多元化的创意产品与服务，适应当下关于产业结构升级的大趋势。消费需求的升级，成为创意产业中设计驱动力产生与发展的重要条件。

需求升级不断变化，是生产、生活方式转变的重要条件与根本动力。消费需求按内容和水平可划分为生存性消费、发展性消费、享乐性消费，在满足基本物质资料的生存性消费基础之上，消费者开始追求以发展性消费与享乐性消费为主要内容的精神文化消费。随着精神消费需求逐步增加与社会经济的繁荣，恩格尔系数呈下降趋势，这就在消费品质量的基础之上对内容、价值等创新方面提出更高的要求，形成较为广泛的综合消费的基础，同时更加注重个人情感化与自我意识的表达，商品的使用功能价值成为消费需求的基础层级，而消费需求的商品对象，以及设计、品牌赋予的功能、品位、观念、意识等综合创新概念内涵则成为追求的主流趋势，呈现出多元化、个性化、精品化、时尚化等特征。

鲍德里亚在《消费社会》中，曾提到物质功能性消费向精神符号性消费过渡的观点。鲍德里亚说："我们分析的对象不是只以功能决定的物品，也不是为分析之便而进行分类之物，而是人类究竟通过何种程序和物产生关系，以及由此而来的人的行为及人际关系系统。"[1]在当今经济全球化背景下，消费需求的升级使原有在满足物理属性、物性特征、使用与实用价值等物质功能性需求消费的基础之上，显现出符号价值、形象价值、文化精神价值与自我价值实现的多重需求发展趋势。创意产业作为未来产业发展的方向，其中设计对"创意产业"的驱动，能够有效地满足人们在生产、生活、消费等方面有形、无形的多重变化需求。创意产业中的设计服务以高科技为手段，与文化、艺术、科技、经济全面融合，有效地将物化形态与精神符号融为一体，形成了新的跨部门、跨行业、跨领域产业集群，为产业提供全方位、多角度的新型发展模式。

[1] 孔明安.从物的消费到符号消费：鲍德里亚的消费文化理论研究 [J].哲学研究，2002(11):68-74+80.

　　面对当前信息时代的特质，就产业内谈产业，无法真正看到产业存在的问题及未来发展的方向。需求升级的变化，带动创新驱动型产业的发展，将设计服务与相关产业融合，借助高新科技手段，挖掘其内在潜能，有利于新的产业创新与结构优化，转变经济发展方式，同时也能够带动产业彼此之间的融合发展，形成有效地促进其他产业发展的联动效应。3D电影《阿凡达》通过全新IMAX技术，带动3D数字媒体技术创新，以及舞台设计、灯光道具、全息成像等领域科技进步与相关行业的快速发展，进一步丰富了产业发展内容与形式，开辟了集文化、艺术、科技于一体的新型创意产业市场，成为创意产业中新文化、艺术、科技、市场发展融合的优秀典范。

第四节 运动中的创意产业与设计驱动力耦合关系

恩格斯提出"世界不是既成事物的集合体，而是过程的集合体"，揭示了事物的发展是以过程而存在，其过程是发展的，而事物的发展过程是内部各个要素相互作用的结果，世界是万事万物普遍联系的整体，并且是运动变化发展的过程。根据对系统与整体的理解，可将各组成要素的组合视为整体，但不能视为一个有效系统——系统是在整体的基础之上得以呈现，具有一定的组织结构，也就是说构成要素应根据一定的路径与机理，相互联系、相互作用且耦合而成，才具有系统的整体性。

关于"文化产业"与"创意产业"领域的宏观理论与政策研究不胜枚举，但作为创意产业中重要内容的设计与产业的关系研究，被认为是创意产业中的从属分支概念，却鲜有人提及。传统设计领域虽有所涉及，但多集中于自身特定专业领域的历史、理论研究，较少从产业、设计、设计价值链等角度，综合考察设计对产业、经济、社会之间关系的驱动力研究。

面对全球化、产业结构调整的诸多影响，应改变传统设计研究实践的单一视角，上升到产业战略发展层面，将设计纳入经济、社会、文化、教育、科技等更为综合、宏观的语境中，促进设计创新思维、实践与产业价值链中的各环节相融合，逐步从为产业提供有形设计服务的基础功能，转向提供综合系统设计服务，形成新时期设计驱动产业的核心竞争力。产业中设计驱动力研究定位、理论、实践重心的改变，也折射出新时期设计价值观、方法论内涵的转变，进而引发深层次（如设计与经济、社会、环境、教育、信息技术等领域）创新融合理论与实践的思考。

我们从英国创意产业的经验与路径中可以看到，为改变自身在世界经济格局中日渐衰落的经济与政治地位，英国通过推行创意产业的新型产业发展模式，为未来产业经济发展提供了新的方向。作为最早创意产业理论模式探索的践行者，产业与设计服务之间探索融合的典型"英国模式"成为众多国家或地区发展创意产业效仿的典范。在此，对以英国模式、设计服务为范本的主体研究对象进行分析，可为当下"创意产业"与设计服务业研究的理论与实践提供有价值的现实参考。

自1998年英国创意产业特别工作小组率先提出创意产业概念以来，创意产业逐渐成为频繁讨论使用的热词，为学界、业界所熟知。政府在设计与创意产业的发展中扮演了重要的角色，将设计提升至国家设计战略与政策制定的高度，利用设计创新理念对经济社会进行改造，根据设计服务主体研究对象的不同，划分为设计顾问公司、企业内部设计、自由设计师、设计商业活动和设计教育五个层面，采取一系列有利于设计发展的行政、产业干预政策、财政资助与计划加以帮扶，并建立诸多介于政府、企业组织、设计机构及教育、科研等领域的综合服务平台，促进创意经济与设计服务的良性发展，加强设计服务与经济、技术的密切联系。

早在工业革命时期，英国就开始了设计相关的研究探索与实践。在1851年"水晶宫"世博会上，英国展示了手工业设计与产业之间的实践与尝试，由于各方面原因的限制，其探索实践并没有适应大工业时代的需求，与批量化、标准化现代制造业标准相结合，未能触及设计与现代工业技术相融合的实质，导致出口市场萎缩、自身制造业衰退，英国伦敦世博会也开始成为丧失其技术领先地位的重要转折点。[1]至19世纪20年代，除了Frank Pick设计出被誉为设计与产业实践经典案例的伦敦交通识别系统之后，相当长时期内未出现设计与产业结合的经典案例。20世纪四五十年代，英国设计开始摆脱驻场设计的传统发展模式，探索形成独立的设计管理机构与运作体系，相对较为成熟的设计公司正式出现。设计出现了两极分化式的发展：一方面，受斯堪的纳维亚传统手工艺思想的影响，专注于传统手工艺的传承与复兴；另一方面，受美国消费主义、国际主义等现代设计思潮的影响，设计公司规模逐渐扩大，开始参与国际设计业务，走上了相对专业化的发展道路。

20世纪80年代，在经济全球化浪潮的推动下，英国正式提出"设计产业"概

---

[1]　CONWAY H. Design History, Fad or Function[M].London: Design Council,1978.

念，开始注重不同学科、文化背景的交叉融合，形成了以设计为主导的专业管理团队，进一步促进了设计向专业化公司管理与运作的发展。但此时由于充当政府与产业实践之间桥梁的设计协会组织不受政府管理，成为游离于政府与产业之外的尴尬组织。此外，由于设计置身于管理体系之外，未与整体的战略规划管理、项目开发相结合等问题，设计师与经营决策者彼此缺少有效的沟通，忽视了设计潜能在产业中的发挥，被认为只是外观、造型的改善工作，割裂了设计价值认知与技术创新之间的关系。当欧美开始拓展国际市场时，由于产品质量低下，产品出口减少，英国逐渐丧失了国内外的市场占有量，"英国从工业国家联盟中戏剧性地下滑，清楚地显示忽视设计对于赢利的危害"。

20世纪90年代，英国整体经济由生产型步入知识型与服务型经济发展模式，针对发展中存在的问题，从政府、企业、组织、设计行业等层面，根据英国经济政策，量身定做相应的设计政策执行机构或辅助计划，如英国设计委员会、英国节、设计中心、设计中心奖及"优良设计"等，使英国成为第一个将"设计"提升到国家战略高度的国家。英国强调"优良设计"，批判以美国为首的"有计划废止"的过度商业消费主义设计，"尽一切努力以推动设计在英国产业中的应用"。此外，英国为各层级机构提供设计公共服务平台，有效地促进了资源的整合与协调，并向公共组织、企业机构提供信息咨询、设计教育、培训、免费设计顾问及半价服务等资助计划，凸显设计在企业、机构中核心决策制定的重要性。同时，英国利用"英国做得到"BCMI展览设计周等系列相关活动，梳理设计师与制造、销售、消费者之间的关系，对设计与经济、文化之间的关系加以阐释，利用案例向公众展示设计的内涵与成果转化过程，普及生产、生活中的设计意识与观念，为进一步推广设计服务奠定了良好的公众认知基础。英国资助各领域设计专业研究，努力推动从日用消费品领域，拓展到工业工程、机械、城市、道路、环境等与生产、生活息息相关的领域，促进设计与产业的融合探索。"2014年度，英国设计行业收入达632.1万英镑，平均每个企业员工数为56人，世界上顶级的设计公司几乎都在伦敦设有办事处"。[1]可以说，英国创意产业历史就是设计服务与产业发展的历史。

[1] 陈东亮，梁昊光.中国设计产业发展报告（2014—2015）[M].北京：社会科学文献出版社，2015:21.

我们从英国设计产业的发展历程可以看到，英国设计产业是在技术及制造业背景下发展起来的，通过设计顾问公司、设计委员会组织、政府推动、设计与产业不同层面的发展，共同促进设计的发展。由于与制造业的脱离，设计失去了传统工业优势，逐渐成为英国建筑、艺术、软件、娱乐等13个行业统一定义的"文化创意产业"中的一个组成部分，使英国的创意产业最终成为由生产型发展阶段，过渡到去工业化程度较高的文化消费性服务业。究其原因，一方面，面对地价、劳动力、原材料等生产资料成本的不断上升，经济上行压力增大，经济发展遇到新的瓶颈，不能与其他国家以"大工业"的形式展开竞争，逐渐丧失其在传统制造业中的地位。于是，通过产业结构与国家产业政策调整，转而寻求最低成本、最有效的新兴经济发展模式，以重新获取新的利润空间，是英国政府应对经济现状而作出的协调与应急措施，实属"不得已而为之"的无奈举措。另一方面，由于英国政府长期以来对设计尤为重视，并将设计提升至国家设计战略高度，是设计服务与产业之间长期探索积累的结果，大力发展设计对于产业的驱动，使英国走上创意产业的新兴发展道路。

英国以设计为主导的创意产业成功转型，透射出设计、产业、组织、政府等多重力量之间的相互关系，我们能够从其推动产业发展的政策、方法与路径中，汲取有益的经验，充分理解设计服务发展中存在的问题，为我们当下正如火如荼进行创意产业发展的理论、路径、历史、价值内涵等研究与探索提供重要的借鉴与指导，但不能单纯地对其设计、产业政策、领域划分与数据统计等方面照搬、照抄。我国与发达国家或地区的经济基础与产业结构不同，经过多年的努力，虽然建立了现代工业体系，但尚未实现真正意义上的现代工业化。在此背景下，利用设计服务推动创意产业发展，实现"中国制造"向"中国创造"转型的国家战略，绝不能简单、孤立地将设计服务局限于传统自身专业或文化、消费、娱乐产业领域，而应在经济、文化、社会、产业结构等要素基础之上，综合考量自身产业发展过程中设计服务路径的差异化、特点、重点，重新思考、定位适合自身设计服务与相关产业的融合发展道路，推进先进制造、科技与设计服务升级转化的融合，发展新型创意产业中的设计核心驱动力。

面对数字化、信息化发展大趋势，部分发达国家与地区率先利用自身产业、科技优势，通过大力发展创意产业，改变了传统产业的内在质量与外在表征，形成新的业态，为生产、生活中产业结构、形态、方式与文化生态的变化发展带来新的变革。作为创意经济主要表现形式的创意产业，与其说是一种产业，不如说是新时期大跨越式发展，引发对资源、污染问题、有计划废止制度等设计伦理的思考，是生产、生活中新的产业发展态度与思维方式。当前，如何利用设计、创意实现传统产业的转型升级，产生可持续竞争动力，将成为我们未来产业、经济、社会关注研究的重点。

此外，我们也应警醒，率先发展创意产业的英国由于以设计为主导的创意产业与制造业环节的脱离，局限于发展视、听、娱乐、休闲等相关产业作为未来经济的主导。那么依靠文化、艺术、动漫、影视、游戏等消费娱乐产业的"创意性"转化带动经济繁荣，能否成为实现经济增长方式有效转变，以及提升国家综合核心竞争力的重要途径呢？很明显答案是否定的，这对于我国当下发展创意产业有着极大的警醒与借鉴作用。创意与设计并非空中楼阁，强大的制造业需求是创意与设计发展的强大动力。英国《考克斯评估》中曾明确提出忽略制造业的危险性，不能放弃制造业在所有产业中的地位，如创意产业中，服装设计脱胎于成衣制造业，产品的研发、设计等都是为制造业服务的。当前我国发展以文化消费服务型为主要内容的"创意产业"，将设计服务局限于消费型创意产业服务领域，抑或一味空谈互联网思维，抱着互联网思维定义为"营销思维"去逆袭发展创意产业，只能是"南柯一梦"，极易导致国家核心竞争力的逐渐衰弱，而失去制造业作为所有设计存在的基础，创意产业也会变得日渐衰落。"如果制造业消失了，那么，随着时间的推移，那些与之相联系的设计能力也会消失……"[1]

[1]　许平.关于"创意经济"战略的再思考 [J].设计艺术研究，2011(4):1-11.

第五章　创意产业中设计·价值·伦理的几点思考

随着生产力发展水平与市场化程度的逐步提高，整体经济发展程度高低与优劣，以及社会、经济发展架构中追求以利益化、效益化显性特征为目标的主流发展趋势，成为评判时代发展进步与否的主导要素与重要指标。创意产业发展过程中，具有重要作用的产业发展与设计价值创造联系密切，辩证统一。经济的发展对设计价值创造理论与实践的内容、形式、路径产生了重大影响，设计价值创造为经济发展提供重要驱动力的同时，也应注意到盲目倚重科技、经济发展所带来的自然、资源、环境的损耗，以及设计价值创造所产生的设计价值理论与社会化责任考量，同样非常值得我们反思。

第一节　技术创新与设计伦理

随着知识的更新迭代速度加快，科技创新以设计转化为桥梁进行的有形创造促进了生产、生活的发展，设计价值创造与技术创新驱动密不可分。通过技术创新在对自然界不断探索的实践过程中，与人类主客观需求发生联系，探索发现客观目标对象的内在规律，借助科技创新的工具、方法、手段，以目标对象的功能、形体、色彩等为载体，转化为有形之物表征的理论过程与实践结果，反证出设计思维实践在科技创新过程中价值作用的存在。在这种背景下，对技术的追求迷恋、推崇备至，形成了当下"技术万能论"的思想直观认知，成为我们生产、生活方方面面重要的意识形态指导，整个社会对技术创新的热衷与依赖空前高涨。

设计之于科技创新"取之不尽，用之不竭"动力之源的盲目崇拜，"技术万能决定论"成为时代创新发展的结构性力量，过去、现在、将来等一切问题能被科技创新性产品解决并取代，同样，存在于设计创新主客体理论与实践过程中，科技发展程度越高，借助科技创新所带来的巨大的经济效益增值也就越大。在设计实践过程中，借助科技创新产生的设计物，为实现视觉效果、功能的追求，对物料对象材料、造型等贪婪的、不计成本的追求，只求档次、美观、好看，不求好用持久，在盲目的乐观享乐主义、拜金主义与个人功利主义的推动下，形成了当下多元化价值取向。对技术高度迷恋的同时，引发以技术创新为主导的社会、文化、经济发展过程中，精神和物质需求的失衡现象，造成和谐发展观"灭顶之灾"的伦理思考。

从传统手工业到机器化工业大生产，技术创新推动了生产方式的变革。设计在注重个体主观价值的功利主义利益需求的驱使下，展现出阶段性功利主义思想与设计实践的直观联系，为设计理论与实践的发展带来诸多契机，设计价值创造的形式、内容、成品等从中获益匪浅。设计产物阶段性利益需求的满足，也造成了诸多只注重眼前利益、利益最大化、"过时淘汰"等为导向的设计实践活动，造成生态环境恶化、资源过度损耗等无法回避的设计伦理问题，产生了信念丧失、价值消解、理想消弭于设计实践的负面影响。我们在此谈论设计伦理在科技创新中的原则，实则是对个人与群体、需要与满足，所形成设计实践异化的修正。通过技术创新而形成的极端化、片面化、个人化的物质享乐追求，反思消费主义、工具主义、个人主义功利追求，而造成社会、道德、文化、设计价值伦理系统的崩塌危机。

以技术创新为主导的工业时代，主要依靠技术的革新来推动产业、经济、社会的发展，技术需求并不存在自主选择性。在产业链环节中，一般以技术革新、装备制造、广告营销为发展主体，设计价值创造在产业价值链过程中，统筹整合资源而形成核心竞争力的重要作用，却并未纳入决策考量体系之中。而设计价值创造在技术创新的实践过程中，借助设计为载体，结合以"技术万能论"主导的技术创新理论实践转化而形成的实物创造，实现为人服务的目标宗旨，拉近了人与生产、生活之间的关系，充分展现了技术创新与设计价值创造融合，并在改善民生生产、生活方面发挥了巨大作用。

时代发展需求的变化，现代主义设计与技术创新结合，拓展了设计的内涵与外延，设计价值的评判标准也时过境迁，原先服务于特权阶层的精工细作艺术化手工装饰，成为当下生产、生活方式中的"奢侈品"，不能满足当下工业化、标准化、批量化服务于大众的需求。在设计语境中，设计价值创造成为技术创新的桥梁，在此转化过程中，设计伦理在其中所产生的行为思考与产物创造也在不断向前演进，延伸到设计领域以外，与科技密切相关环节的加工、制造、营销、消费、回收等整体系统化考量，技术创新的研究内容也成为设计伦理所关注的重要内容。

科技创新发展与设计价值创造系列活动有着紧密的联系，通过科学与劳动实践的高度结合，器物、工具的创造使设计与科技高度统一，设计价值创造的过程也成为探索目标对象客观规律、把握宏观整体的过程，科技创新发展过程也是设计伦理认知与思辨的过程。

第二节　泛消费主义语境下的设计伦理

在当前泛消费语境下，形成的个人过度消费远远超越了社群概念范畴，是个人与群体之间辩证关系的异化。技术的迅速膨胀造就的工业文明，在不断受到贪婪过度消费需求刺激，以及被利益集团定义的"幸福模式"的影响下，借助于设计制造出消费市场中琳琅满目的商品，却淡化了由此而产生的对环境污染、资源损耗的认识，不仅腐蚀了工业文明中社会道德伦理，沦为精神世界满地狼藉的"垃圾场"，而且利益驱动的生产方式与消费至上的消费观造成了设计价值观的异化。

设计作为科技、艺术发展融合的产物，创造了人类艺术化生活与智慧生产的方式，是"设计之善"的外在表征。然而在企业利益驱动与消费者需求无度的价值观指导下，传统价值创造在利益的驱使下，多依靠压低成本、提高效率、大量的生产方式，极易出现严重的同质化现象，产品品种与工艺可改动余地较小，当市场饱和后，众多厂商为降低库存，压低价格，形成恶性竞争，而产出产品与消费者的真正需求不一致，导致企业价值创造、成本风险增大，造成巨大的资源浪费，设计在价值创造过程中则被认为是产生差异化占领市场的重要工具，或充当无声推销员的角色，抑或假货制造、谋生的工具而已。那么，在此探究的设计内外双重价值属性就成为设计伦理的重要特质。价值的实现是客体主体化，是实现人与社会、自然、经济、文化的可持续发展与完善，当今对设计价值观的梳理与辨析，能够拨开迷雾进一步认识设计实践在现阶段的价值创造活动本质，形成正确的、可持续的良性设计价值创造认知，以及设计伦理内涵的认知与价值细化。

现代主义设计与美国消费社会的融合，产生了"有计划设计废止制度"。该制度成为推动设计创新、物质性淘汰机制与原则形成的重要依据，借助设计介入物质功能创造的满足，成为人们进行实践活动的重要工具与目标，生产、生活取得了显著的提高，也因此形成了现代设计推动产业、经济、社会发展过程中的重要"使命"，即同质化竞争—视觉创新—刺激消费—批量生产—资源消耗……对物质满足欲求的无止境追求，造成了对能源、环境无限制的消耗，"多数设计关心创造一种人为的产品废弃，但是产品废弃也制造了贬值，导致了孤立，最终是一种存在的焦虑"。[1]

---

[1]　杭间. "设计史"的本质：从工具理性到"日常生活的审美化"[J]. 文艺研究, 2010(11):116−122.

在如今"消费至上""娱乐至死"的商业社会中，在"人定胜天""取之不尽用之不竭""没有最好，只有更好""精益求精""无所不用其极"等物质享受消费观、利益观的驱使下，呈现出多样化的设计价值观，技术创新使追求满足物质享受最大化的快速实现成为可能，设计成为实现商业利益、技术应用、市场推广的工具，加重了对自然资源索取的强度，工具主义与消费主义的合流共同构筑了当下消费主义价值观，并以此价值观为参照，在设计理论与实践层面形成了"金钱利益至上"的设计价值观。这种以物质、利益追求为目的，单纯满足于感官奢华需求而进行损耗环境资源获取现实需求、地位与作用的设计实践行为，严重曲解了设计"非物质工具"的内在属性。在过度消费观的驱使下，物质上的丰裕产生出了精神的极度空虚感。为了弥补此空虚感，不得不借助技术手段，追求更进一步物质层面的突破创新，以改变此种僵化状态。这种不加节制、不断创造、满足需求而形成的消费观，表面上拓展了设计实践的空间、路径，实际上使设计陷入需求—设计—消费—需求……恶性伦理循环之中。物欲的无限度追求，设计创新中的一切目标、结果、过程都与之发生联系，成为衡量设计理论与实践成功与否的唯一标准，在浓郁的商业消费氛围下，助推消费社会中享受、标榜、炫耀消费价值观的形成，与设计价值内涵本质相去甚远，进一步加剧了对设计价值伦理的反思。

在消费社会中，以"设计以人为本"为主导的设计价值创造价值观，则更多成为商家炒作的概念与噱头，成为庸俗形而上"挂羊头卖狗肉"的空洞概念。对以人为本设计伦理价值观本质的探讨"不是单纯的'以人为本'的问题，而是人的价值和人的权利如何在社会大系统中获得自省式的救赎，以获得超越实在生活的问题，这个论题的范畴，称为'设计的民主精神'。"[1]将设计"以人为本"的概念解读为"民有""民治""民享"三个层面的契约关系。其中，"民有"是利用科学技术的进步带动生活改善的人权；"民治"是建立以人为本的设计、制造、消费的良性机制；"民享"是通过设计关怀，具有双向辩证关系制约。设计服务的内容、目的、形式不是任性、无节制的，而是与社会、经济、文化、环境、生态共同形成的可持续发展的和谐设计价值伦理观。"如果从19世纪后半期

[1] 杨万豪．设计的良心：设计目的再思考[J]．美与时代（上旬），2014(10):29-31.

的英国'艺术与手工艺'运动算起，通常我们认为，现代设计的发展经历了精良工艺设计、理性主义设计、商业主义设计、品牌识别设计、文化心理设计、绿色设计、非物质主义设计等七个发展台阶，每个台阶都对应着特定的时代语境中特有的设计问题与一种通过变革而更新的设计价值取向。从这个发展逻辑而言，民主参与的设计体现着一种与此前的发展完全不同的方法与价值取向，其或许能成为现代设计发展的第八个阶梯。"[1]

被联合国教科文组织命名为"设计之都"的深圳，当前着重发展创意产业，关于设计价值伦理的探讨就更为迫切。在深圳产业转型与结构优化的过程中，虽然深圳的创意设计业为深圳产业、经济的快速发展做出了重要贡献，但与其他同列设计之都的地区相比尚有较大差距。由于设计价值伦理的缺失，大批量的山寨设计层出不穷，"设计之都"称号的授予不如说更多是对这座创新城市光荣历史的一种肯定。当前，深圳主要发展高新技术产业、物流业、金融业和文化创意产业四大支柱产业，但低附加值的加工制造仍占有较大比重，对设计价值创造的认知未达到一定高度，设计师一般多从事修修改改的外观美化设计，受商业利益短视行为的驱使，为了快速占领市场，相互借鉴、抄袭，粗制滥造，设计成为不同利益集团获取商业利益的工具，形成了形形色色的深圳"山寨设计"，远未达到设计价值创造本质内涵中"以人为本"的设计价值观。需要我们重新回到设计的原点再思考，在尊重社会、经济、文化客观规律的基础上，消除不良生产与过度消费而产生的负面设计创新，形成正确的设计价值观与价值判断力，探索有利于经济、文化、社会可持续发展的发展机制。

而今信息时代下的消费语境中，注重故事性、情感化、娱乐化等为特征的体验服务系统设计，注重物理空间到情境、意境立体概念的主客体交互设计，非物质性消费需求成为主流，如何重新认知设计师在产业中的社会身份、设计目的，以及与环境、社会、经济、文化等的关系，都是值得去探讨研究的重要命题。重新回到设计的原点，通过设计对资源、结构、流程等环节的统筹整合，最大限度地减少对生存、发展产生的阻碍，树立正确的设计价值观与价值判断力，做出有利于人类生存发展正面意义的价值创造，实现人类的可持续发展。

---

[1]　许平.设计为人民服务:基于全民分享与民主参与的广义设计论 [M].合肥:安徽美术出版社，2014.

第三节 设计价值伦理观

20世纪中叶，设计价值伦理逐渐开始进入业界、学界研究与实践视野，从传统自发感性而向理性研究综合分析转化，以理性学理辨析设计价值伦理与设计实践之间的关系，回到以设计本质内涵进行伦理探索分析，通过对设计发展历程的梳理，逐步提高设计伦理认识研究，辨析设计价值伦理在产业中的作用机制，反思与考量人类发展历史过程中的设计价值创造行为。

伦理学关于元伦理学[1]的界定，"可以表述为以'是'或者'不是'为系词的判断；以'应该'或'不应该'为系词的判断所反映的则是价值"[2]。我们可以从中看到，设计价值是以"目的"为表征，也是评判设计价值的重要标准，设计价值创造通过自身逻辑思维的特点，探索设计价值伦理在产业发展中的原则与机制，更好地把握设计价值伦理在设计实践中的能效，考量"有用"标准的总体认知，更好地规范、引导设计实践。设计实践对目标对象的统筹整合，感性与理性、知与行相互交织的过程，也是价值伦理道德在此过程中的交锋与融汇过程。

作为设计伦理研究的重要代表人物，维克多·帕帕奈克（Victor Papanek）于1971年出版的《为真实世界的设计》（*Design for the Real World*），较为系统地提出了设计伦理概念，帕帕奈克关于设计与伦理的研究，主要分为设计为人民大众服务；设计要为健康人服务，同时要为残疾人服务；设计价值创造应认真考量地球资源的有限性；等等。努力通过设计价值的创造消除不平等的阻碍，正确处理目标主体需求、欲望与目的之间的关系，体现出强烈的人性化、情感化的人文主义关怀，更深层次上反思设计实践主体与现实人际的属性关系。使原本从表层上看是相互排斥、对立的，处于相对平行状态的设计与伦理产生了交汇，两者的融合关系在一定程度上刺激并警醒了"唯利是图"的商品消费，消费文化驱动设计创新而造成工业产品的大肆泛滥。从本质上系统化地挖掘梳理设计实践中设计

---

[1] 元伦理学是道德哲学理论之一，是以逻辑和语言学的方法来分析道德概念、判断的性质和意义，研究伦理词、句子的功能和用法的理论。

[2] 李砚祖.设计之仁：对设计伦理观的思考 [J].装饰，2007(9):8-10.

应当承担的责任与义务，消费与市场相融合的设计开始与劝诫、训导的伦理道德产生紧密的联系，促进了设计、经济、社会的良性可持续发展，进一步深入探讨设计价值伦理的本质问题。

设计价值伦理是从道德伦理层面反思设计的价值创造活动，反思为了生存而进行生产、生活而开展设计实践的目的，依照设计价值伦理理论与实践，分别从"实践层面、理论层面和目标层面"三个层面展开对设计价值的思考。从设计价值创造实践活动来看，设计借助具体形式对目标对象创造出可感知、可视化的物化产物。通过实践层面创造出感官设计使用价值，推动了生产与生活的生态、可持续发展。从理论层面上考量，需要理性、客观地阐释并分析设计价值产生的目的、方法、作用、意义，从而引发对设计目标价值层面的探讨。"不仅要从人的物质及精神生活的健康和完善出发，注意人的生活价值和意义，而且要求实践的方法选择应体现与生态环境的相容。"[1]从道德认知层面来看，可以视为超越物质层面的功能使用价值，以及精神审美需求价值之上的最高价值或终极价值，是至真、至善、至美目的的行为的设计本质内涵。

设计作为连接造物各要素之间的关键环节，预设了造物的价值及价值取向，设计通过统筹整合各要素，创造性发挥各要素之间的内在价值，并转化为功能价值、审美价值、伦理价值，三者依次递进的关系存在于设计价值实践创造的过程与结果之中。在设计价值创造活动的转化过程中，从设计价值创造表层上看是以满足功能价值与审美价值而存在，以功能价值与审美价值为基础，直观认知创造功能价值是设计价值的首要任务，是设计价值的根本任务与目的。审美价值作为设计价值创造的高级形式，属于目标客观对象内在价值的外在客观属性的反映，属于艺术化、情感化的精神层面范畴，在主客体相互发生关系的过程中产生并存在，反映了主客体之间的关系属性，但审美价值、伦理价值不能脱离功能价值而独立存在。伦理价值作为审美价值与功能价值的综合感知，与两者显性特征不同，属于更高层面探讨设计价值的伦理与意义，暗含于客体对象之中，具有隐性特征，是事物存在与发展的根本与关键。设计价值创造为人服务，其行为、目的

---

[1] 高兴.设计伦理研究：基于实践、价值、原则和方法的设计伦理思考 [D].无锡：江南大学，2012.

的展开而产生的设计价值伦理，是具有"真""善""美"的设计价值、功能价值、审美价值客观属性的高度统一。

设计本质目的的起点与终点始于人需求的满足。人的内在需求与欲望推动一切生产、生活的进行，设计作为主体和客体之间联系的工具，规划满足消费需求是设计行为与结果的表现与具体化，体现了人的主体需求。亚里士多德在《尼各马可伦理学》中说："一切技术，一切规划及一切实践和抉择，都以某种善为目标。"从物质与精神层面创造出的健康、良性、可持续的发展模式，探索着生产、生活的本质与意义。

"设计以人为本"作为现代设计服务于社会的公理，拓展并深化了原有设计专业范畴，设计的社会价值意义成为研究的中心，融入公众化的生产、生活之中，设计为人民服务不是虚无的理论问题，而是通过大量的设计实践以实现设计服务于生产、生活，实现真正意义上的"为人民服务"。服务对象核心"人"需求的个人化、个性化、多元化，客观地反映了设计因时、因地、因事、因人而产生的差异性、个体性，具有后现代主义设计研究范畴特点，成为当下设计实践与理论研究的终极目标与导向。原本设计以"物"为中心的研究创造实践，与以"人"为需求的多维度解读大相径庭，极端个人需求造就的功利主义追求，成为制定、衡量、决定一切的唯一准则。在当今社会，功利主义在个人主义的驱使下，形成当下社会形态中的极端个人功利主义，逐渐转化为"个性化""定制化""情感化"的温情柔性描述，设计活动也成为实现这一目标的重要工具与手段，推动设计创新发展的重要驱动力，成为时下社会流行的概念风潮。

在设计的发展历程中，我们可以看到各种设计思潮的产生、发展，与"为人民服务"有着密切联系。注重美化生活与环境的传统工艺美术，针对目标对象分别从造型、材质、结构、工艺等方面统筹整合，形成兼具物质功能生产与审美创造多重属性的典范。传统设计实践在满足实用功能需求的基础之上，既是生产、生活中的实物产品，又兼具社会、文化、经济等不同层级的审美、精神需求。其中所形成的繁缛装饰趣味，与彼时生产力、经济、文化、政治、意识形态需求相适应，形成了独具特色的高度美学品格。在首届伦敦"水晶宫"世博会后，以亨利·科尔（Henry Cole）、欧文·琼斯（Owen Jones）、克里斯托弗·德雷瑟

（Christopher Dresser）等为代表的设计师[1]，面对原有工业品丑陋不堪的外形，开始探索将设计中的装饰、纹样等形式与工业品相结合，虽然外形的美感得到了一定提升，但将设计局限于外形美化的范围，割裂了设计在产业中的价值与作用。例如，英国工艺美术运动、国际主义等现代设计思潮与风格都与此有着极深的渊源。随着产业的发展，设计价值创造也成为展现技术创新转化，单纯追求视觉赏心悦目、外观求新求奇的工具手段，逐渐固化为共性的设计认知——设计是只为解决产业链中末端的美感、外形而展开的工作，这也成为"设计社会价值"局限性的最大体现。

消费社会中，在无止境的贪婪物欲驱使下，开展的设计实践满足于需求利益的最大化追求，充分利用创意、设计开发资源、能源等原始材料，以更快、更高、更多地获取高额经济利益，急功近利浮躁之风充斥于设计价值创造活动之中，成为当代设计价值创造的显性表征。为追求更多的经济利益与需求，新材料的推陈出新，新技术的日益精进，新手段标新立异等速度加快，产品生命周期大为缩短，在不断满足短期需求的同时，刺激并产生了新一轮的设计创新竞赛，利用设计创新转化，更多、更快地衍生出新的产品，揭示出物欲消费滋生的重要缘由，设计价值伦理让位于物欲经济，批量化、标准化的"流水线"概念应运而生，设计价值的社会化责任逐渐臣服于经济利益，成为加速资源损耗、破坏生态环境，遏制人类良性可持续发展的帮凶，设计价值的伦理思考也在不断膨胀的消费主义面前，成了可有可无的虚无概念。

设计价值伦理创造活动是一个完备的系统化工程，是设计、生产、制造、消费、回收、循环再利用新的设计创新评价机制。当前在设计价值伦理指导下，开展设计实践活动的研究探讨，重视可持续发展战略，充分考量现时平等与代际公平，环境资源和自然资源利用，正确处理设计价值创造在"当代与未来""物质与精神""消耗与节约"中的关系，成为设计价值伦理的核心研究内容。提倡取材于自然，适度消费、适度设计、绿色设计、通用设计、零碳设计等设计概念，充分体现出设计价值伦理当代社会性，共同构筑当代立体化设计价值系统，为当下创意产业健康发展提供了重要的基础保障。

---

[1] 高兴.设计伦理研究：基于实践、价值、原则和方法的设计伦理.[D].无锡：江南大学，2012.

在当今创意产业发展新阶段，探讨设计价值伦理的重要性日益凸显，使设计价值创造活动更好地服务于人合理化需求的满足，实现与社会、文化、经济的可持续发展，推动基于客观因素对设计进行有效可行的规划与指导，以设计价值伦理为恒定标准，避免在设计领域出现为了风格、利益和为设计而设计等异化现象，实现设计创新活动的可持续发展。通过设计实践应用与物的研发，将设计创新实践更好地与生产、生活相融合，成为适度需求、适度生产、适度消费的重要载体，利用当下互联网信息数字平台模式，优化产业链结构，缓解人、物、环境、资源之间紧张的代际矛盾关系，展现设计伦理与设计实践相互融合的结果。基于适度原则，建立起可持续发展的良性生产方式与生活消费理念，成为当前构建设计价值伦理的重要保障机制。

第六章 创意产业/设计服务业的现状与问题解析——以深圳为例

深圳以改革开放为契机，经过40多年的迅速发展，从祖国版图南部偏僻的小渔村，一跃成为人口超千万的一线国际化大型城市。深圳的快速发展，依靠自身产业结构转型升级，以市场需求为导向不断进行演进、优化调整，逐渐由低层次数量扩张、粗放型向高层次质量效益优化、集约型转化发展，形成了以高新技术产业为主导，具有鲜明区域经济特色的现代工业体系。当下，面对互联网信息技术的冲击，对于以"微笑曲线"理论为基础而构建的产业体系，再次提出新的优化调整要求。

第一节 产业结构现状分析综述

随着国际产业分工的日益加剧，国家与地区之间产业转移的速度、规模与范围也在逐步扩大。在产业链中，具有劳动密集型、资本密集型、技术密集型、知识密集型产业，在全球范围内逐步转移、细化，重构优化产业链格局。

在此趋势下，深圳产业发展主要经历了三次重大转型调整。第一次转型是以1980年8月26日第五届全国人民代表大会常务委员会第十五次会议批准施行《广东省经济特区条例》，成立深圳特区开始。深圳借助地域优势，承接了大量港台通过产业转移而带来的"三来一补（来料加工、来件装配、来样加工和补偿贸易的简称）"加工制造业，虽然"三来一补"加工制造属低层次劳动密集型产业发展阶段，基于境外资本、技术成功地实现了第一产业向第二、第三产业的转型，为深圳产业结构优化调整奠定了良好的技术与产业基础。第二次转型时间为1995—2004年，深圳针对大力发展"三来一补"劳动密集型产业而产生的"四个难以为继"（土地空间、资源能源、人口承载力和环境承载力四方面难以为继，下同）等问题提出建设"效益深圳"，由劳动密集型加工制造业逐渐向发展技术密集型的高新技术产业转型，实现产业结构的二次升级，增强产业竞争力，并于1996年提出"三个一批"发展战略，发展电子信息、生物工程、新材料、光机电一体化四大产业，重点扶持长城、华为、中兴等高新企业，以高新技术创新作为产业发展主要动力，实现了高新技术产业增加值以年均61.46%的高速增长，至2013年高新技术产品产值达14133.00亿元。第三次转型时间为2005年至今，进入创新驱动型发展新阶段，为进一步转变经济增长方式与优化产业结构，提高自主创新能力，深圳2006年初颁布《关于实施自主创新战略　建设国家创新型城市的决定》[1]，将创建国家创新城市作为自身发展的重要目标，通过提高生产效率加快产业结构调整、促进产业升级，调整经济战略结构核心，使深圳城市综合竞争力迅速上升至全国第一位。

深圳经过三次产业总体结构调整，三次产业发展逐渐呈现"三、二、一"阶梯产业格局（表6-1）。早期通过发展"三来一补"（来料加工、来件装配、来样加工和补偿贸易的简称）劳动密集型加工制造业，实现了农业向工业化初期阶段的产业调整转型，而后发展以电子信息技术密集型为主导的高新技术产业，再到目前以金融业、文化创意产业、物流产业和互联网产业为四大支柱的知识密集型现代服务业，有效地实现了劳动密集型—资本密集型—技术密集型—知识密集型的产业升级，实现了以高效率、高技术、高智能、高附加值为特点的第三产业向原有第一、第二产业的跨越，成为深圳经济发展的主导方向，进入中后期后工业化社会。

表6-1　　深圳三次产业结构比重（2006—2012年）　　　　　　　　单位：%

内容	2006 年	2007 年	2008 年	2009 年	2010 年	2011 年	2012 年
第一产业	0.1	0.1	0.1	0.1	0.1	0.1	0.1
第二产业	52.6	50.2	49.6	46.7	47.2	46.4	44.3
其中：工业	49.8	47.6	47.1	43.8	44.2	43.4	—
第三产业	47.3	49.7	50.3	53.2	52.7	53.5	55.6

数据来源：深圳统计年鉴2012。

至2013年，四大支柱产业增加值占全市地区生产总值的63%，"2014全年

[1] 李萍，陆云红.深圳走出一条自主创新发展之路 [EB/OL].(2007-03-26)[2007-03-26].http://news.sohu.com/20070326/n 248964768.shtml.

深圳地区生产总值16001.98亿元，较上年增长8.8%。其中，第一产业增加值5.29亿元，下降19.4%；第二产业增加值6823.05亿元，增长7.7%；第三产业增加值9173.64亿元，增长9.8%。第一产业增加值占全市生产总值的比重不到0.1%；第二和第三产业增加值占全市生产总值的比重分别为42.7%和57.3%。人均生产总值149497元/人，增长7.7%，按2014年平均汇率折算为24337美元。四大支柱产业中，金融业增加值2237.54亿元，比上年增长13.8%；物流业增加值1614.18亿元，比上年增长9.7%；文化创意产业增加值1553.64亿元，比上年增长15.6%；高新技术产业增加值5173.49亿元，比上年增长11.2%"（表6-2）。[1]从第一、第二、第三产业发展总的进程来看，深圳产业结构逐渐呈现出"重服务、轻制造"的发展趋势。这种产业格局是否有利于深圳的长远发展还有待考量。从三次产业产能构成中可以发现，第一、第二产业属于先导性产业，第一产业是获取自然物质资源初级产品的能力，第二产业是将自然物质资源初级产品转化的能力，而第三产业属于跟进性产业，服务于第一、第二产业。我们从早期日本经济依靠制造业实现高速增长可以看出制造业在产业发展中的地位与作用，决定了深圳必须以制造业为核心发展第三产业，第三产业是不能孤立或超前发展的。

表6-2 2014年深圳各区三次产业增速

深圳市及各区	本地生产总值		第一产业		第二产业		第三产业	
	绝对值/亿元	比上年增长/%	绝对值/亿元	比上年增长/%	绝对值/亿元	比上年增长/%	绝对值/亿元	比上年增长/%
全市	16001.98	8.8	5.29	−19.4	6823.05	7.7	9173.64	9.8
福田区	2598.85	8.9	1.33	75.0	201.38	5.2	2756.14	9.2
罗湖区	1625.34	8.0	0.12	−11.6	126.68	3.8	1498.54	8.3
盐田区	450.23	8.9	0.03	−25.6	81.28	0.7	368.92	11.0
南山区	3464.09	9.0	0.93	4.5	1958.01	8.3	1505.15	9.9
宝安区	2368.41	9.6	0.45	−22.6	1203.77	9.3	1164.19	9.9
光明新区	632.77	11.0	0.75	−22.5	432.22	11.5	199.80	9.6
龙华新区	1497.80	8.0	0.28	−22.7	916.98	6.0	580.54	11.2
龙岗区	2321.25	9.5	0.38	−12.0	1453.13	10.5	867.73	7.4
坪山新区	423.99	10.0	0.57	−11.9	288.46	9.9	134.96	10.3
大鹏新区	259.25	3.7	0.44	−12.1	161.13	1.0	97.68	8.9

数据来源：深圳市统计局。

依据经济学家钱纳里工业化阶段理论，将工业化发展阶段依次划分为农副产

[1] 深圳市统计局. 深圳市2014年国民经济和社会发展统计公报 [EB/OL]. (2015-04-24)[2015-04-24]. http://www.sz.gov.cn/cn/xxgk/zf xxgi/tjsj/tigb/content/post_1333728.html.

品为原料的轻工业"初期"阶段—重工业为主的"中期"阶段—深加工工业为主的"中后期"阶段—服务业为主的"后工业化"阶段，各发展阶段彼此具有不可逾越性。深圳早期通过发展"三来一补"劳动密集型加工制造业进入工业化"初期"发展阶段，而1995年深圳市在"八五"计划中，明确制定"以高新技术产业为先导，先进工业为基础，第三产业为支柱"[1]的产业发展战略，使深圳工业化进程，跨越以重工业为主导的"中期"阶段，直接迈入以高新技术、深加工工业为主导的"中后期"阶段，进而加速进入服务业为主的"后工业化"阶段。

深圳不同于发达国家或地区工业化发展的渐进性过程，依靠粗放型、跨越式工业化阶段模式短期发展而来，势必对深圳未来产业竞争力与可持续发展动力产生一定程度上的制约，也使深圳产业发展进程在工业化不同阶段，如产业结构单一、制造业薄弱、第三产业上升空间有限、人口急速膨胀、资源消耗大、环境污染等结构性问题日益凸显。在新的发展转折点，逐渐走出土地、资源、环境、人口"四个难以为继"的困境，只有再次实现产业调整，才能实现深圳的长远发展。

随着全球经济一体化的加剧，发达国家产业转移的方式发生改变，跨国公司在全球范围内重新进行产业分工与产业链布局，东南亚发展中国家以更为低廉的要素成本承接了大量跨国公司的产业转移，对深圳的加工制造业产生了巨大的冲击，深圳加工制造业的红利时代开始萎缩并终结，在世界先进国家引领的新一轮工业4.0产业变革中，极易使深圳陷入"前有围堵后有追兵"的尴尬境地。目前，要努力解决深圳制造大而不强，以及资源环境制约、产业发展乏力、技术创新能力薄弱等难题，在发展现代服务业的同时，要加快设计与高新科技、先进制造等的融合发展。

在目前阶段，深圳着重发展高新技术产业的导向本身并不存在什么问题，但高新技术产业分为高新技术制造业与高新技术服务业，而深圳由于固定投资快速增长，主要依靠房地产拉动，区域内制造业基础较弱，工业设施、设备基建投资处于疲软状态，抗风险能力不足，导致深圳跳跃式的产业结构发展，脱离了发展先进制造业的基础，而超前、孤立发展第三产业，将产业格局发展重心放在发展

---

[1] 孙静娟 . 深圳市 2010 年产业结构预测 [J]. 特区经济，2001(3):49-51.

对外贸易经济服务上，极易出现去工业化的后果。若全球产业分工重组或外部经济局势突变，其经济发展效益极易受到波及。例如，我国香港特别行政区产业发展由于忽视了对先进制造的转型和提升，制造业在香港特别行政区经济总量中的比重持续下降（1984年，制造业产值占香港特别行政区经济总量的24.3%，而在1994年下滑到9.2%），过度依赖金融、贸易、旅游、房地产等服务业，导致产业空洞化，当金融危机来袭，香港特别行政区脆弱的产业格局受到严重影响。同样，日本由于制造业竞争力的下降，也导致了经济增速泡沫的破灭，说明了忽视制造业带来的严重后果。这种跨越式发展，忽略核心技术、新材料、制造业竞争力，过度依赖服务业作为经济发展的动力，极易形成工业主体附加值低，势必会加速整体经济泡沫的形成，影响深圳产业发展的后续动力，为未来深圳产业长远发展埋下隐患。

在工业化时代，企业通过规模化、标准化生产、销售、传播、流通环节的建立，实现价值创造，并作为企业生存发展之根本。宏碁集团创办人施振荣先生于1992年提出了著名的"微笑曲线"（smiling curve）理论：全球产业链以制造加工环节为分界点，分为设计研发、制造加工、品牌渠道三个部分，各环节价值创造随产业链中地位的变化而不同。一方面，制造加工环节由于缺少核心技术，由品牌渠道支撑，只完成合同，不负责研发、销售，用于加工的土地、厂房、设备、水、电等固定资本属于劳动密集型环节，具有可替代性，呈现高能耗、低收益的特征；另一方面，由于产业链中信息、技术、人才、品牌、管理等知识密集要素的不可替代性，跨国公司控制产业链两端的研发、设计、渠道、营销等高附加值环节，这意味着控制产业链中产业布局两端就控制了整个价值链。

"微笑曲线"作为工业时代规模经济的产物，是从企业生产者维度构建产业链，并未将消费者纳入整体产业链。随着互联网信息技术的进步及消费的多元化，以互联网为工具或载体对传统产业互联网化的升级改造（即"互联网+"）加快了工业化与信息化的深度融合，并逐渐过渡到以消费者需求为核心的新的产业链创新模式，对原有工业体系中的价值创造、价值传递、价值实现、价值分配有着颠覆性的嬗变。

现代管理学之父彼得·德鲁克认为："当今企业之间的竞争，不是产品之间的竞争，而是商业模式之间的竞争。"[1]基于互联网技术与思维，原有工业体系处于"微笑曲线"中的设计研发、生产与制造环节，渠道品牌被放置于同一"平台"，借助互联网信息科技，将高效率规模制造与个性化需求、技术研发相融合，形成新的"平台"经济商业生态系统，技术的进步、信息的对等使企业、消费者的需求贯穿于价值链中的价值创造、传递及实现全过程，进而形成新型价值创造模式。以消费者体验为核心的全新价值链模式，省去原有中间渠道生产、组织体系、流程化管理，有效地实现了信息技术、资金、物流、人流跨时空的无缝对接（图6-1）。如社交网络、电子商务、互联网金融、第三方物流领域的百度、腾讯、淘宝、京东商城、阿里巴巴、亚马逊、携程等创新范例，颠覆了传统产业链中企业、消费者之间上下游的生产、制造、流通、消费垂直整合分工体系，利用"平台"经济模式，推动生产流程、组织模式的重新解构设计，重构价值的创造、传递、实现与分配模式。

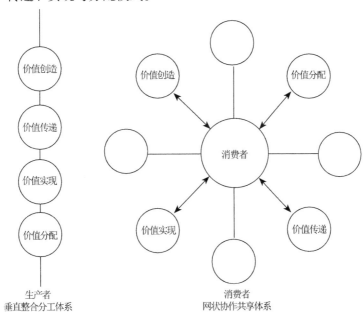

图6-1 "平台"经济模式中"价值"的变化

后工业社会向信息社会的转型，促进了深圳产业的进一步转型升级，针对当下产业、经济、社会的数字化、网络化、智能化趋向变化，西方发达国家如美国

---

[1] 金寅迹.浅析中国中小企业的转型升级 [J].经济师，2010(11):14-15.

就提出了"再工业化"的"新经济战略",德国也提出了"工业4.0"的高科技发展战略。产业环境的变迁、互联网跨界融合促使原有"微笑曲线"的理论基石崩塌。以"互联网+"平台经济发展模式为载体,由原来"线状"产业链逐渐演变为新型"网状"模块化产业发展模式。

基于互联网信息与网络技术平台,实现深圳长远发展,着力发展先进制造,推动基于大数据下深圳先进制造业的自主技术研发、创意设计和品牌等核心要素与动力的构建,从单一产品产业链,向新型"网状"模块化的服务设计迈进,才能进一步促进服务业(第三产业)的繁荣,从根本上提升与优化深圳产业结构,加快深圳先进制造业与服务业的融合协同发展,推动深圳的健康、可持续发展。

第二节　创意产业现状分析综述[1]

随着资源、环境等生态压力的日益剧增，以及劳动力、土地等生产、生活成本的提高，深圳自身产业结构瓶颈问题也愈发凸显。创意设计业作为深圳着力发展的四大支柱产业之一文化创意产业的重要内容，依托创意设计业自身高知识、高附加值和强辐射等特点为深圳生产方式转变与产业结构转型升级、提升城市综合竞争力提供了重要的创新驱动力。

深圳成立经济特区伊始，曾一度被称为"文化沙漠"，全市仅有人民影剧院（1949年）、深圳戏院（1958年）、深圳展览馆（1975年）三座文化设施，相关高校等科研院所资源也非常有限。进入21世纪，深圳开始着力发展高新技术、金融、物流、文化创意四大支柱产业，在努力发展最具经济拉动力的高新技术主导产业的同时，大力发展文化创意产业，逐渐形成了具有自身产业优势与特点的"文化+科技"的发展道路。自2003年《深圳市实施文化立市战略规划纲要》及建设"创意设计之都"目标[2]以来，文化创意产业以每年25%的速度高速递增，2004年至2010年，全市文化创意产业增加值GDP占比由4.6%提高到7.6%，至2014年文化创意产业增加值1560亿元，增加值占GDP比重的9.8%，成为带动深圳经济快速健康发展的重要引擎。[3]创意产业中的创意设计、动漫、数字娱乐、网络游戏、传媒出版、工艺美术等优势产业迅速发展，涌现出大批优秀的"文化+科技"典范企业：腾讯、华为、华强文化科技、华侨城集团……可以说，深圳文化创意产业的发展已成为国内文化创意产业发展的缩影与标杆。

2008年12月7日，深圳成为第一个发展中国家获得"设计之都"这一殊荣的城市（截至2015年1月，全球已有14个城市获得"设计之都"称号[4]）。在国家"十一五规划"方针政策的指引下，于2008年12月30日成立了深圳"设计之都"品牌运营执行机构——深圳创意文化中心，同时出台了《深圳全民创意行动纲

[1]　深圳文化创意产业涉及行业领域众多，限于笔者个人能力、篇幅限制，调研目标对象的重点以本书定义相关内容为主。
[2]　陈汉欣.深圳文化创意产业的发展特点与集聚区浅析［J］.经济地理，2009(5):757-764.
[3]　数据来源:《深圳文化创意产业振兴发展规划（2011—2015年）》（深府〔2011〕174号）。
[4]　陈东亮，梁昊光.中国设计产业发展报告（2014—2015）［M］.北京:社会科学文献出版社，2015:22.

领》，以及包括高端学者访问计划、创意书籍出版计划、创意人才培训计划、全民创意活动计划、城市品牌推广计划、创意气氛营造计划在内的"1+6"规划等系列措施，使"设计之都"成为深圳耀眼的身份标签。

大力发展以文化创意产业园与文化创意集聚区为主要形式的产业集群经济发展模式，是深圳发展文化创意产业的重要路径之一。被誉为"竞争战略之父"的美国哈佛商学院教授迈克尔·波特曾提出著名的竞争优势理论，包括需求条件、相关及支撑产业、企业战略、结构与竞争四个基本要素条件，以及机遇与政府两个附加要素，各要素的发挥是系统性机制的变化，并提出企业群落理论。[1]深圳下辖罗湖区、福田区、南山区、宝安区、龙岗区等，各区根据自身产业特点及竞争优势充分利用创意园区产业聚集平台效能，在一定地理区域内的特定领域形成具有竞争力的产业实体，发挥产业链整合效益，彼此之间既相互联系，又相互区别。各区创意产业园的角色定位与本区产业基础发展密不可分，结合自身功能定位，各园区内部逐渐形成产业优势互补、分工明确的格局。目前，全市创意园区基地已有53家，涵盖9大行业、产学培训等领域。其中，创意设计类10家，文化软件类4家，动漫游戏类3家，新媒体及文化信息服务类8家，非物质文化遗产类3家，高端工艺美术类16家，数字出版类3家，文化旅游类1家，高端印刷类2家，产业教学培训类3家。如罗湖区形成的水贝珠宝产业园及政策导向型建设的怡景动漫国家基地、福田区以工业设计为主导的田面设计之都、南山区以商业地产特色的华侨城创意文化园（OCT-LOFT）、集教育与实践于一体的资源依赖型的深圳大学3号艺栈园区、宝安区的F518时尚创意园、22艺术区和率先在全国制定版画专业标准与行业规范的观澜版画村、龙岗区以油画加工生产的大芬油画村等。

各园区在筹划建设之初，倚重各自功能、布局、定位，力图避免重复建设、同质化，努力实现彼此错位、有序发展。创意设计业以福田区、南山区最具特色。南山区形成了"以文化为核心、以科技为依托，以文化为内容、以科技为工具"的产业发展路径，将创新科技成果与设计、文化相结合，注重自主品牌创新，开辟独具特色的深圳南山创意产业发展道路，培育了一批科技与文化相融合的优秀企业。这些创意园（基地）发展至今已经形成腾讯、华强文化、环球数

---

[1] 迈克尔·波特.国家竞争优势[M].北京：华夏出版社，2004.

码、嘉兰图、雅昌、迅雷、雅图、水晶石等优秀企业。经笔者走访产业园与机构调查，南山区自身定位着重发展高新技术，以创意、设计、数字为特征的文化创意产业。目前，南山区文化创意产业园区共有14个，入驻相关企业机构248家，建筑面积51.83万平方米，但受土地资源、地理空间的限制，全区7个产业园中有6个属于原有"工业遗产"的"三旧"（旧城镇、旧厂房、旧村庄）项目改造，其中"华侨城创意文化园（OCT-LOFT）、深圳动漫城、南海意库属于旧工业区改造，深圳大学3号艺栈属旧工业厂房改造，南山数字文化产业基地属'烂尾楼'改造"[1]，形成了包括以艺术、创意机构为主的华侨城创意文化园，以工业设计为主的深圳设计产业园，以数字娱乐内容为主的南山数字文化产业基地，以动漫、网游为主的深圳动漫城、深港动漫及网游产业孵化基地，以建筑设计、环境设计为主的南海意库、深圳大学3号艺栈文化产业园和深圳职业技术学院动漫一条街等一批具有产业物理空间集聚、孵化功能代表性的优秀产业园区。

笔者通过对深圳众多创意产业发展现状实地走访调查，将深圳文化创意产业主要归纳为以下几种代表类型：创意与地产结合发展模式，如华侨城创意文化园（旅游商业地产）；增值服务模式，如田面设计之都；加工复制增量模式，如深圳市布吉镇大芬油画村；平台模式型，如文博会促进文化创意产业大发展。其中，南山的华侨城创意文化园与福田田面设计之都产业园，可谓深圳众多创意产业园发展模式类型中的典范。

1. 创意与地产结合发展模式，以华侨城创意文化园（旅游商业地产）为例

华侨城创意文化园（OCT-LOFT）由华侨城集团于2004年启动建造，于2006年5月正式挂牌运营。整个园区属"三旧"项目改造，通过对原有工业区内旧厂房的改造，使原本为深圳产业发展做出重大贡献的旧厂房建筑形态与工业遗迹得到最大限度的保留，在新的创意产业经济中焕发出新的生命力。园区总占地面积约15万平方米，其中首期占地面积约5.5万平方米，通过旧厂房改造建筑面积约5.9万平方米，后备发展用地9.6万平方米。整个园区分为南北两区，整体以平面设计、艺术为主导，南区先期开发，业已引进40多家创意、设计、文化机构，如

---

[1] 陈汉欣. 深圳文化创意产业的发展特点与集聚区浅析 [J]. 经济地理，2009,29(5):757-764.

香港著名设计师高文安、梁景华等人的工作室，国际青年旅社，华侨城国际传媒演艺公司等；北区则以创意、设计、时尚为定位，集"创意、设计、艺术"创作、交易、展示于一体，聚集了众多领域前卫、先锋的创意、设计商家，如德国家具品牌Vitra、人文图书和独立音乐的旧天堂音乐书店、创意与艺术的新女性最爱的《Little thing 恋物志》杂志官方概念店"Little thing shop"。同时引进摄影、动漫创作、教育培训等行业，以及配套概念餐厅、酒廊、零售店、咖啡店等，注重品牌效应的打造。2011年5月14日，华侨城创意文化园（OCT-LOFT）实现整体开园。以此为平台载体，进行上下游产业延伸，形成旅游、演艺、艺术、科技、节庆、主题酒店、相关衍生品制造等产业集聚业态，现成为集休闲、娱乐、产业交流于一体的综合社区平台发展模式（图6-2）。

图6-2　华侨城创意文化园部分实景展示

　　华侨城创意文化园以OCT当代艺术中心为载体，与旗下传统艺术为主导的何香凝美术馆，以及国内首家以国内外先锋艺术、设计为主题的华·美术馆，共同组成具有深圳创意产业典范的"黄金艺术三角"（华·美术馆与OCT-LOFT同属"三旧项目改造"，前身是深圳湾大酒店洗衣房，始建于20世纪80年代早期，于2008年改建为艺术展览馆）。

　　华侨城创意文化园（OCT-LOFT）的蓬勃发展，成为深圳文化创意产业园的成功典范，同时也带给我们诸多思考。从最初主导打造具有创意、设计、研发、制作、交易、展览、交流、培训、孵化、评估及公共服务等综合功能的目标渐行渐远，如今已是各地来深圳旅游观光的必去之地，鳞次栉比的餐饮一条街日渐增多，各种美食齐聚，一渡堂、一粥（深圳设计师梁小武）、My Coffee、My Noddle（香港设计师高文安）、普语堂、青朴落、鹊尔斯酒窖、Illy 酒吧、驴吧、豪私房菜……各类人士穿梭其中、络绎不绝，商业味愈发浓厚，演变成了"小资"的集聚地，而与设计相关的产业探索实践日渐萎缩。创意产业园与最初园区的定位是否变味？而今发展产业园也被戏称为披着艺术、设计、产业的外衣，实则成为旅游地产、商业地产的工具，时至今日，深圳以此为类型的创意产业园日渐增多，所表现出的趋同性、同质化愈发凸显。

将创意集聚群落由生产型创意产业，演化为消费型产业集聚本无可厚非，但依此层面理解创意产业，势必会重走西方创意园发展旧路，通过模仿照搬西方创意产业园发展模式，与当下深圳产业发展现状与阶段基础是不相适应的。深圳发展的创意产业应通过科技信息平台结合人的智慧、才能，对现有物质、文化资源进行统筹价值再创造与提升，从而形成具有高附加值的创意产业集聚群，而当下这种产业集聚速成，造成的产业园同质化、动力不足等问题，只会导致未来深圳文化创意产业园发展的"速衰"。

2.增值服务模式，以深圳田面"设计之都"创意园为例

深圳田面"设计之都"创意园是基于"文化立市""设计之都"发展方略、深圳"十一五"规划而建立起的创意产业园核心重点建设项目，着力打造以"融和·价值"为核心理念、工业设计为主导的产业合作平台。结合深圳地区设计行业中的典型性发展模式，笔者对深圳田面"设计之都"创意园进行了实地调研（图6-3）。

图6-3　深圳田面"设计之都"创意园

深圳田面"设计之都"创意园位于深圳核心区，总投资1.3亿元，属于"三旧"项目改造，由原田面工业区旧厂房改建而成，占地面积1.5万平方米，现有建筑11栋，建筑面积5万平方米，由工业设计产业链整合与运营服务标杆性企业——深圳灵狮文化产业投资有限公司独立投资运营。目前已聚集了243家设计相关企业机构，是具有创意设计、研发、制作、交易、展览、交流、培训、资质认证、知识产权保护、孵化、评估及公共服务等综合功能的创意设计文化产业园区。田面设计之都产业园共分为两期开发，于2007年5月第三届文博会期间开园运营。经过多年的发展，业已发展成为国内工业设计企业规模最大、龙头企业总部数量最多的创意产业园区，其中工业相关设计产业机构占国内龙头企业的80%，如嘉兰图、浪尖、洛可可、心雷、中世纵横、靳与刘设计、叶智荣设计等40多家国内外顶尖级设计机构、企业，被誉为"中国工业设计第一园"。产业园由于定位明确、良好的经营模式及资源效益整合能力而成为国内众多创意产业园发展的典范，成功地打造了聚集国内外知名设计师、设计研究机构、企业、政府文化产业机构等具有国际一流水准的创意设计业集聚园区。园区着重发挥创意产业的集聚效应，具有创意与设计融合的高端增值服务的完整创意设计产业链。灵狮文化产业投资有限公司在深圳田面设计之都产业园成功运营模式基础之上，先后运营了顺德工业设计园、苏州（太仓）LOFT 创意产业园、无锡（江阴）国际创意港等工业设计产业化平台项目。

深圳田面"设计之都"创意园作为深圳探索发展设计为主导创意产业实践的重要代表，笔者对其进行了田野调查，调查发现园区具备以设计为核心，通过设计创新资源集聚整合，形成设计创新，引导设计研发、设计制作、设计生产、设计市场发展和知识产权保护的一整套完善系统。笔者在对园区及设计企业实地调研的同时，发现创意园自身及设计发展存在的一些问题，如产业集聚效应整体尚停留在表层，只是在物理空间形式上，把整个产业链分为众多模块，将现有设计资源在地理上机械地叠加、聚集，彼此之间联系不够紧密，结构松散。整个创意园区设计机构、企业多处于产业链的上游，产业链后期加工制造、营销、品牌渠道需与其他企业合作完成。设计任务的产生尚处于传统"来稿设计"阶段，设计解决问题终端多停在外形美化、装饰层面，设计思维、设计管理与产业链各环节深层次融合有待进一步拓展，与产业融合密切相关的设计思维、设计管理和产业链、消费市场研究有待深化。作为成熟的设计产业链应具备向上、向下拓展与延伸能力，向上延伸可为企业提供设计研究成果、综合解决方案，向下可将原点拓展和产业相结合，形成符合自身的产业发展道路，对内优化自身结构，对外开拓、深化市场品牌。但截至目前，园区设计企业尚未形成具有较强竞争力的自主品牌，设计机构自身研发能力的培养、研发团队的组建凸显了文化创意产业中创意设计业内涵理解上的短板，尚待进一步提高、完善。园区应加强自身创意设计业生态建设，从目前设计产业地理空间上资源集聚向产业链资源优化协作转变，统筹整合现有资源，为园区发展提供不竭的创新动力。

3.加工复制增量模式，以深圳市布吉镇大芬油画村为例

大芬村位于深圳龙岗区中部，因村子背后山中常年鲜花盛开，芬芳四溢，始得"大芬村"之名。改革开放初期，市场经济逐步由深圳关内向关外渗透，大芬村出现了一批自发组织、自下而上的民营公司。1989年，香港画工黄江从香港辗转来到紧邻香港的深圳黄贝岭，随着香港迁入人员的快速增加，房租也随势而涨。于是黄江最终搬迁到地处关外、位置偏僻、房价低廉的大芬村，开始油画复制生产，由此油画复制在大芬村从无到有，从小到大，初具规模。大芬村传统农业生产方式也完成了一次历史转折，摇身一变成为国内外知名的油画复制产业基地。

大芬油画村以政府为主导，对大芬村内外基础设施、环境加以改造，并由大芬村管委会统一管理，面积约0.4平方千米，集聚了8000名相关从业人员，40多家规模相对较大的油画经营公司，1200多家画廊及700多间油画个人工作室、油画作坊，每年生产600多万幅油画，其中有九成经由香港再转销至欧美、中东、非洲等地，逐渐形成以油画批量加工制造为主，书画、雕塑、刺绣及工艺品等生产为辅上下游产业链完备的生产基地。

"大芬模式"有别于传统艺术创造不可复制的唯一性，主要是以批量订单、工厂流水式的油画生产加工、销售、物流等环节形成具有较强运营能力的产业集聚产业链，简言之即"艺术的产业化"。"大芬模式"完全以市场为导向，完成艺术品向"特殊商品"的转化，创作过程就是商品生产的过程，文化品艺术性的内涵从精英阶层扩大到大众消费的外延，共经历了从家庭作坊式手工生产方式的油画复制，到20世纪90年代后的大规模工厂流水线生产，再到现在的定制、量产三个阶段。大卫·赫斯蒙德夫曾指出文化产业的四个特征：高风险、高生产

成本、低复制成本、准公共物品。[1]由于"大芬模式"过度追求物质利益的最大化，其工业化生产方式对艺术性的消磨饱受学者的非议与诟病。这种依然停留在资源驱动型初级阶段的发展模式，对深圳未来产业发展的多元化和可持续发展尚存在诸多未知。

4.平台模式型，以文博会促进创意产业发展为例

为推动深圳文化创意产业的发展，2004年以来，借助一年一度的深圳文博会平台发展文化创意产业。文博会由深圳具代表性的创意产业企业与基地组成的分会场构成，也是继深圳"高交会"之后，国内又一国家级具有国际化、综合性的文化产业盛会，在很大程度上促进了文化创意产业相关企业、产业园的迅速发展。

总体来说，深圳在文化创意产业发展方面进行了诸多形式的尝试与探索创新，在文化创意产业建设方面取得了一定成绩。同时也存在诸多乱象，如产业结构的制约，致使部分创意产业园变成了农贸市场、商场等，往往是文博会期间车水马龙、热闹异常，之后便冷冷清清。以设计为主导的文化创意产业发展依旧在传统经营方向与产业运营模式上徘徊，不能有效地实现产业突围，对于产业的长远发展来说，势必会陷入依靠低层次资源、资本驱动型的恶性循环。

---

[1]　大卫·赫斯蒙德夫.文化产业[M].张菲娜，译.北京：中国人民大学出版社，2007.

第三节 深圳"设计之都"设计产业[1] 现状与问题分析

深圳作为国内改革开放的窗口，借助早期产业、政策优势，经济得到快速发展，同时也带动深圳平面与广告设计、建筑与室内设计、服装设计、工业设计等创意设计业的发展。深圳创意设计业为适应经济建设发展的需要，突破各种限制，利用条件优势，率先在国内设计行业发展中拔得头筹，在国内外现已形成具有较大影响力的设计产业规模。深圳创意设计业从无到有，为深圳诸多产业的快速发展做出了不可磨灭的贡献。

深圳创意设计业经过多年的发展，为深圳产业结构优化升级与城市转型提供了重要的驱动力，也成为未来深圳经济、产业、文化发展的新引擎。从2006年下半年开始启动向联合国教科文组织申报"设计之都"的筹备工作，到2008年12月7日率先成为国内第一个由联合国正式授予的"设计之都"荣誉称号、全球第16个创意城市，这一殊荣的获得与深圳市长期奉行的创新、原创设计服务产业密不可分，也是国际社会对深圳设计发展的认可与尊重。深圳"设计之都"称号的取得，进一步印证了"文化+科技"发展道路的正确性，作为深圳四大支柱产业之一的文化创意产业，设计在其中的重要性不言而喻（表6-3）。

表6-3 世界部分"设计之都"信息统计

城市名称	所属国家及城市性质	特点
柏林	德国首都	1. 发达的设计产业，2万名设计从业人员，600多家设计公司，20亿欧元设计收入； 2. 完整的创意设计服务平台、国际推广的本土设计品牌、完善的创意人才培训体系等，以其深厚的文化底蕴实现了城市的创意化发展
布宜诺斯艾利斯	阿根廷的首都及最大城市	1. 设计产业为支柱产业； 2. 时尚、建筑、"工业、城市设计的生成综合了许多最新科技和专业知识，是依靠设计发挥灵性的城市"
蒙特利尔	加拿大第二大城市、魁北克省最大城市	1. 2.5万名设计师，设计业每年为整个魁北克省带来的经济收益约11.8亿美元； 2. 设计产业发展专项基金及设计纳入市政行政管理框架设计赛事

---

[1] 《深圳市文化产业发展规划纲要（2007—2020）》中指出，创意设计业包括广告设计、建筑设计、工业设计、时装设计、IC设计和软件设计等行业。本节简述需要采用"设计产业"一词，与"创意设计业"范围、定义并无出入，所涉数据引述与文件"创意设计业"一词相当。

续表

城市名称	所属国家及城市性质	特点
神户	日本国际贸易港口城市	1. 以时尚设计著称； 2. 服装设计产业链完备
名古屋	日本第四大城市	1. 众多大型设计公司，尤其是 IT 企业； 2. 举办国际设计大赛； 3. 传统与现代结合的城市设计
首尔	韩国首都	1. "设计"是城市名片； 2. 设计产业为支柱产业
圣艾蒂安	法国东南部城市	1. 工业老城蜕变为设计新城（世界上第一辆自行车诞生地）； 2. 设计双年展取代发明家大会； 3. 超市、邮购、建筑，处处有创新； 4. 缎带为艺术，设计成支柱
邓迪	苏格兰东部港口城市	1. 邮票、X 射线、阿司匹林及无线电报发明地； 2. V&A 设计博物馆
都灵	意大利西北部城市	1. 机器人设计世界闻名； 2. 汽车建模技术体系成熟； 3. 虚拟现实及电影艺术等企业集聚
毕尔巴鄂	西班牙北部城市	1. 古根海姆博物馆为文化地标，造型、结构和材料堪称三绝； 2. 邀请了多位世界著名的建筑师设计各种标志性建筑
赫尔辛基	芬兰首都	1. 举办赫尔辛基设计周，为国际盛会； 2. 专门成立赫尔辛基设计特区
库里蒂巴	巴西东南部城市	1. 以城市、交通基础设施设计、服务设计闻名； 2. 以人为本的设计整体融入城市的肌理中
深圳	中国经济特区之一	1. 实施"深圳品牌"战略，举办深圳设计周暨深圳环球设计大奖等知名国际赛事； 2. 设计产业日益成为深圳转变经济增长方式、实现创新驱动的有力抓手

为了更好地使设计产业促进深圳产业经济的发展，汲取金融海啸危机的教训，及时转方式、调结构、促发展，深圳市委、市政府在"文化立市"建设、"十一五"及"十二五"规划中通过了一系列法律、政令以推动设计产业的发展，如建设"设计之都"核心载体的田面设计之都园区建设、深圳深港创新圈、三年行动计划等。2009年9月24日，深圳市第四届人民代表大会常务委员会第三十三次会议决定，将每年12月7日设立为深圳"创意设计日"。同时在现有政策的基础上进一步向创意设计业倾斜，完成深圳产业发展由"加工制造型经济"发展模式向"创意型经济"模式转变。中国社会科学院文化研究中心常务副主任张晓明说，深圳成为中国第一个由联合国教科文组织授予的"设计之都"的创新城市，代表着珠三角正在向着新兴产业的方向升级。[1]

[1] 马芳. 深圳成"设计之都"[EB/OL].(2009-04-14)[2009-04-14].http://news.sina.com.cn/c/2009-04-14/074415462960s.shtml.

深圳作为改革开放的先锋，在中国现代意义设计发展过程中具有典型意义。受香港印刷业转移而带动的平面设计业在众多设计门类中更是出类拔萃，集聚了一批如陈绍华、王粤飞、韩家英、毕学锋、张达利、刘永清等在国内外有较大影响力的设计师，同时吸引了众多青年设计师齐聚深圳迈上新的设计征程。可以说"设计之都"荣誉称号的获得，既是对深圳多年来坚持大力发展文化创意产业的肯定，也是对深圳设计行业发展成果的认可。2016年，深圳创意设计业从业人员众多，其中平面设计有6万余人，设计机构、企业有6000余家。1992年由深圳设计师王粤飞、王序、贺懋华等组织的国内第一个平面设计专业展——"平面设计在中国"，在中国平面设计发展史上具有里程碑意义。随后，1996年深圳市平面设计协会（SGDA，以下简称"深圳平协"）成立（龙兆曙任首届会长）。自成立以来，协会自谋经费，定期举办"平面设计在中国"（GDC）专业展，经过20多年的发展，该展会已经成为国内平面设计界举足轻重的赛事（图6-4），使中国平面设计在国际上赢得了声誉。如今，"平面设计在中国"已经成为一个定期举办的双年展，并形成了深圳平协每届领导班子任期两年的固定制度，深圳平面设计业在国内获得的荣誉与贡献曾一度超越高新技术而成为深圳骄傲，深圳平协"平面设计在中国"系列活动的举办，也可以说是中国现代平面设计发展的缩影。

图6-4 深圳平协举办的"平面设计在中国"

（资料来源：GDC系列活动图片由深圳平协提供）

深圳作为"设计之都"，其创意设计业主要包括平面与广告设计、工业设计、建筑与室内设计、服装设计等，深圳亦被称为中国平面设计的发源地，已经形成大批具有一定产业规模、影响力的设计公司、机构。随着智能制造、物联网、大数据的迅速兴起与发展，对提升生产、生活要求的设计需求逐渐增大，借助国家政策扶持，以及在产业发展阶段需要的情况下，深圳近几年在工业设计、环境设计、产品设计等领域取得了重大发展。现有工业设计相关机构近5000家，约占全国总数的50%，从业人员6万余人，为企业带来超千亿元的附加值，设计产值以每年25%的额度高速增长。仅平面设计之都产业园就集聚了国内工业设计80%的龙头企业，如嘉兰图、洛可可、浪尖、靳与刘设计、叶智荣设计等，被称为设计企业规模最大、龙头企业总部数量最多的国内"工业设计第一园"。同时，在国内外顶级赛事中也取得了优异的成绩，2014年深圳品牌上善设计、飞亚达、麦锡策划、嘉兰图、中兴通讯等先后斩获红点奖17件；2015年德国IF设计大奖，中国地区获奖总数为154件，其中深圳获得42项，在中国获奖总数中占比27.3%。

目前，深圳已成为世界设计的重镇及中国现代设计重要核心城市之一。经过多年的发展与沉淀，取得了一定成绩。随着科技信息技术与产业发展的要求，深圳设计业面临着由传统设计向信息设计的转型挑战，传统设计业逐渐显露出与时代发展不相适应、设计门类彼此之间发展不均衡的现象。一方面，目前诸多设计机构从创意设计到产业化机制尚不健全，虽然政府出台了一系列文件、政策，但多是宏观调控创意产业发展，关于创意设计业自身具有实践性、应用性、可行性的政策保障机制尚不健全。众多设计机构习惯于传统的"来稿设计"，而忽视自身设计品牌的培养与文化建设。企业对于原创设计研发投入较少，缺少有效的设计管理与品牌意识，设计知识产权意识淡漠，设计习惯于模仿和抄袭。另一方面，设计产业链的严重缺失导致设计在产业转化过程中对特色实体化资源开发力度不足，市场、营销等缺乏，无法形成有效的产业增值，创意设计业集约化程度不高。在深圳创意设计业6万名设计师队伍中，关于创意设计产业链整合、管理、品牌、策划的复合型人才匮乏，在一定程度上阻碍了深圳创意设计业在创意产业中的发展。同时，深圳创意产业特色不鲜明，缺少具有明显优势的本土特色产业。例如，美国主打电影产业，借助影视出口的方式输出其文化；日本通过动漫、科技，使其创意产业独树一帜；韩国通过电视娱乐引发的"韩流"，带动服装、餐饮、旅游等相关产业的快速发展。

目前，深圳创意设计业多以设计工作室和小部分个体户的形式存在，除知名设计师外，限于现实市场竞争与生存，多开展基于消费者与雇主个人需求的设计活动，难以对设计过程与结果进行有效的控制，这也是产生深圳山寨设计的重要原因。部分传统设计依旧停留在工业时代的思维方式，依靠"来稿设计"美化装饰阶段，经营模式较为单一，维系、拓展客户资源的纽带依然是以人脉为主，设计机构同质化情况愈发严重，处于"量"的积累向"质"转变的瓶颈时期。产业基础的变化，使深圳界定于"平面"思维的平面设计逐渐失去了传统行业优势，传统设计公司的生存一步步受到威胁，平面设计在产业中所占比重较小，极易为同行以低价格等不良竞争所取代，平面设计整体地位已不像以前那样举足轻重。随着市场、传播环境的变化，整个平面设计行业面临转型，对社会、产业、企业、个人提出了新的要求，甚至出现部分平面设计师向广告、策划、建筑、室内、时装等行业转行的情形。

此外，在当下实际设计实践环境中，设计雇主拥有对设计的终极决策权。深圳设计在产业中同样存在这样的问题，设计的结果不根据目标对象，而取决于设计雇主个人的好恶，即便是知名设计师也不例外。由于深圳跨越式的发展，在未完成工业化阶段而直接进入后工业发展阶段，产生产业结构性问题与设计的需求层级不匹配，既有高学历与海外留学经历对设计的高标准、高要求，也存在缺少基本审美能力的低端设计。笔者在深圳进行的专业社会实践中接触过一些企业负责人，普遍存在口头上重视设计，但实际却将设计停留在"锦上添花"的认知层面，其中不外乎有着国外良好教育背景的业界精英，而从事低端加工制造业的雇主对设计的认识更无从谈起。对品牌设计的认知就是做一套包含标志、形象墙、名片的形象设计，品牌的真正内涵、实践鲜有触及，知识产权就更无从谈起，往往是品牌形象设计尘封在橱柜中，很少贯彻执行。

传统平面设计提供一次性零散、辅助性的商标、包装已经逐渐不能适应产业发展的需要，平面设计行业需在运营方式、服务方式等方面更新迭代，才能保持自身产业的有序发展。而深圳后起发展的工业设计与室内设计、服装设计，逐渐调整服务产业的政策、内容、方式后便后来者居上，在国内占有较大的市场份额，为深圳"设计之都"注入新的创新力量。红点设计概念奖评审团主席朗·纳巴罗对深圳"设计军团"取得的成绩表示赞赏，同时提出未来深圳设计的发展应将创意设计业紧密地与产业发展联系起来，将设计转化为有效生产力，在创意经济时代提供有效驱动力。

综上所述，从总体发展趋势来看，深圳目前总体产业情况发展良好，同时也存在不尽合理之处，对于创意产业的内涵、概念认识过度泛化、模糊；从创意产业、创意设计业结构构成来看，产业链不完善是一大短板，同时存在原创动力不足、产业链中间环节集约化程度不高，文化类产品低端加工制造比重过大等问题。前文说到，设计如同"镜子"，是社会关系、经济结构、科技水平、生活方式、思想观念的镜像，设计发展的程度与内在文化、经济、科技密切相关，进一步凸显创意设计业是提高产业增值效益的重要驱动力。面对新形势、新挑战，应统筹协调各种要素，适时调整创意设计业发展策略，再创造合理生产、生活方式，继续为深圳创意产业提供新的驱动力，促进深圳创意产业与设计服务向中高端层面发展，突出深圳创新科技与创意产业的融合应用，推动产业融合与组织模式创新，在新时期创造新的创新文化，构建新型创新城市。

第七章 创意产业中设计驱动力的路径与机制

第一节 创意产业链下的设计发展创新认知

随着经济产业结构的转型升级，设计在产业创新实践中的角色也在潜移默化地发生变化。创意产业下的设计驱动式创新，作为当下经济、社会、文化的创新模式，与文化资本、技术资本、社会资本等相匹配，与消费社会发展需求相适应。因此，应加快设计与创意经济产业链的深度融合，改变设计单向度非理性服务的商业生产，使设计更好地服务于创意经济。主张以人的科学合理需求为导向，将设计、设计思维、设计统合管理与制造、服务、文化资源、经济资本、媒介相融合，并贯穿于产业链内部各环节，以及产业链集合的全过程。设计与创意经济的融合不是浅层次非理性商业生产，而是人、社会、经济、环境等多方面均衡、系统化发展，使设计服务业更好地服务于产业发展，最终走上设计—产业链—生产力的良性发展道路。

创意经济产业链内涵是不断变化发展的。创意经济绝非"创意"的庸俗"经济化"，而是以创意智慧、创新思维致力于社会资源的优化配置，建立有利于生产、生活、消费方式的"调研—设计—制造—市场—品牌—服务"系统产业链，具有高度自主知识产权的集约型经济发展模式（图7-1）。努力探索适于当下创意经济发展模式，将"设计、创意、思维"融入创意经济产业链活动中，即设计、设计思维、设计管理与制造、服务、文化资源、经济资本、媒介相融合，逐步推动中国制造向中国创造演进。借助高新技术、互联网手段，打造创意经济产业链、信息流，将现代资本（文化、经济等）、创意、设计、产品与市场相融合，优化现有工业产业格局，将创意经济的内在原子力发挥到最大，创造高效的、科学的、可持续的经济发展增长点。笔者认为，着重发展以设计为主导的系统性思维的创意经济产业链，与当下设计发展与产业经济融合是相适应的。

图7-1 从设计到设计产业链模式的转变[1]

个人意志的需求尊重和机会表达、资源的有限性、生产方式的改变等赋予新时期设计新的使命。2014年2月26日，国务院印发《关于推进文化创意和设计服务与相关产业融合发展的若干意见》（以下简称《意见》），就加快推进文化创意和设计服务与实体经济深度融合作出明确指示。《意见》的提出更加明确了创意思维不能局部、孤立地思考，设计不是艺术创作，不隶属单一学科微观认知，而应与实体经济深度融合，即创意的发生、发展是以产业链全局意识的宏观认知，由此产生的创意设计、产品生产、市场化、传播、法律保护等当以设计为主导的系统性思维，贯穿于整个创意经济产业链全过程。

设计是现代的概念，对社会发展、产业升级有着积极作用。现代工业的标准化、批量化、规模化有别于传统农业时代的劳动目的、工作方式、使用方式、流通方式等，并使设计逐渐从传统手工业、行会中脱离出来，成为产业链中的独立环节，在一定程度上使满足人的物质功能需求成为可能。传统设计师由于受内因与外因多重因素制约，往往一专多能，因此个人内在综合素质能力成为解决问题的关键。英国工艺美术运动领导人威廉·莫里斯为婚礼设计的著名建筑"红屋"，从建筑到沙发、灯具、地毯、餐具……全部由自己独立完成（图7-2）。德国包豪斯现代设计思想的确立，设计分工横跨了建筑设计、平面设计、工业设计、室内设计、新媒体设计等多个领域。第二次世界大战后，现代设计与美国消费主义商业的融合，使设计目的、定位、设计师的角色发生了潜移默化的变化。设计分工细化的弊端也随之显现，"物"的概念本应相互依存、相互联系，但过度专业细分对微观的过分专注，区隔了对设计目的、对象的宏观认知，专业间变得孤立、缺乏联系。设计解决问题的出发点、落脚点相对较为微观，出现了"专而不通"现象，最终与设计的原点、精神相背离。随着后工业时代向互联网数字

[1] 此模型图与第三章第一节图3-1原理类似。

时代过渡，设计的目的由满足物质功能基本属性需求，向精神性附加产品多重属性输出过渡，设计需要解决的不再单单是基础功能性需求，更多成为个人情感的表达与自我价值实现的载体。

图7-2　莫里斯设计的建筑"红屋"

新时期，在人的科学合理需求前，如何重新认识设计？如何与创意经济融合发展？设计在创意经济产业链中的地位、作用如何？设计师在创意经济产业链中的角色是什么，该做怎样的转型？这些将是我们探索研究的重点。创意经济有别于传统第一、第二产业，可以以集体、个人的形式参与，转化形式亦可为设计、思维、概念等解决方案，与创意思维综合、融汇，外化就是产品。而产品作为创意思维精神需求和功能实用综合体，正是凝聚了这些因素。在新的产业背景下，驱动设计的目的、意义、形式发生了质的变化，设计不再是单一的商标、海报、包装、产品等纯粹的商业行为，而是关乎人的需求，是整体的、系统的、多重层面的综合解决方案。设计的多元化互补，允许设计多重性并行发展，要求我们重新审视设计角色的转变，并上升到产业链、品牌经济的高度来认知。

以人之"事"为根本目标，将设计与创意经济相融合，实现个人、集体知识产权智慧，"将设计从浅层次战术层面解放出来，提升到创意经济产业链战略层面，将设计拉出设计工作室，并释放出设计思维的颠覆性和改变游戏规则的可能"[1]。消费者在享用设计成果的同时，也是对创意经济专有文化的传承。发展以设计为主导的创意经济产业链，有利于推动、优化深圳产业结构调整升级和经济发展方式的转变。

[1]　蒂姆·布朗.IDEO，设计改变一切 [M]. 侯婷，译. 北京：万卷出版公司，2011:5-6.

创意经济的本质是人本经济，核心是人，动力是创新。"事""物"应围绕"人"展开，是源于人的知识、智慧的创意经济、知识经济，处于产业价值链的高端位置，具有高附加值的特性，如何培养创意经济需要的设计人才就显得尤为重要。

在设计教育过程中，设计往往被单纯地归结为"美"的教育，是形而上的意识形态产物。由于宏观系统性思维认知不足，学科过度细化，课程间相对独立，陷入了"不知为何设计""顾此失彼"的迷茫之中。在设计过程中，过度迷恋对风格、主义、概念、技法的追求表达，停留在"美"的浅层层面，缺少对设计目标对象、目的的分析和归纳，最终成了个人情感游戏。设计与产业逐渐背离，在整个产业格局中的地位越来越低，陷入美化、装饰可有可无的尴尬境地。创意经济产业链开展创新，应回到设计原点再思考。设计本质为"人"服务，须与主体对象相结合，而不能成为风格的奴隶。在"授人以鱼"的基础上，加强"授人以渔"设计系统思维的训练，将设计思维认识提高到对宏观全局的把控，加强设计前期调研、评估、论证等相关学科知识、交叉融合。工业化作为现代设计与传统设计认知区隔的分水岭，设计的定位、形式、目的、思考方式等发生了诸多变化。而今，设计从工业时代的产品经济，提升到了平台经济、跨界设计、整体设计等全新思维高度，应跳出艺术与设计范畴，与经济管理、传播学、广告学、营销学、社会学等相融合，宏观与微观相结合，质性、量性分析相结合，主客观相一致，更好地培养出真正适合创意经济的复合型设计专业人才。

设计作为横跨文学、工学、经济管理、传播学、艺术学等多个领域的综合学科，究其本质来讲，不是一般认知意义上——"美"的创造，设计创意、思维的产生也并不是简单的灵感或灵光乍现，更多是在多重学科知识掌握基础之上对消费者、行业、社会、市场的观察、分析，通过全方位、多角度、多学科，严谨调研、分析、论证、归纳、总结的过程。

深圳通过承接台湾地区、香港特别行政区产业结构调整、淘汰的一批加工、制造的高能耗、高污染产业，使设计相关生产、技术、设计师等产业资源向深圳转移，促进了深圳平面设计的快速发展，奠定了中国"设计之都"桥头堡的地位。经过40多年的发展，利润与生产资料消耗的巨大反差，使得这种高耗能、低产出发展模式受到"四个难以为继"的制约，不得不逐步从OEM向ODM、OBM产业结构转型升级。设计需求层级也由"量"向"质"转变，浅层次为企业提供基础的、单一的、单向的设计服务，转向为整个产业链发展提供战略设计、设计管理、品牌咨询等综合解决方案。催生出诸多与产业链相关的综合设计公司、设计管理与品牌设计管理、咨询公司，丰富并优化了深圳的设计产业格局，逐渐形成了深圳特有的以设计为主导的创意经济产业链，从"速度深圳"向"效益深圳"跃进转型。深圳作为国内第二、第三产业发展重镇，设计业活跃、发达区域之一，整体产业链较为完备，应结合自身设计、产业优势，发展以"自主知识产权创意经济"为主导的创意经济产业链，最大化统筹、优化、配置现有资源，充分发挥设计在创意经济产业链中的作用及优势。

自2003年文化创意产业概念风靡国内以来，兴建创意产业园成为创新的标志。由于缺乏系统、宏观的品牌战略认知，创意产业园区定位、功能同质化严重，设计行业在产业链中的功能、作用不明确，不仅不是战略指导设计，而且使设计沦为跟风、随机的"雕虫小技"。通过创意力量带动区域经济发展的成功案例少之又少，"微笑曲线"两端原点——原创设计为主导的创意经济产业链，由于受到政府、企业、开发商、运营机构价值利益链的影响而处于末端，创意文化园最终成了标榜自身创新的噱头。上述问题不仅存在于设计企业"种子"本身，而且在深圳企业发展"土壤"的意识层、行为层也存在较大误区。企业对设计的需求多停留在"临时抱佛脚""美工"等浅层认知，未认识到设计在企业发展中的战略意义，尚未走上"以个人或组织创意、技巧及才华、概念"为主导、以"知识产权"产业链为主要产出，具有"创造财富和就业潜力"属性的创意经济产业链发展道路。

在一定程度上，以设计为主导的创意经济产业链是对第一、第二、第三产业的补充，是多元化互补关系，有利于拓宽传统产业发展渠道，进一步开拓新的经济增长空间。创意经济与设计融合式发展，以科学的"人""事"为出发点，将设计思维、创意产品、市场与高科技手段有机统一，将创意资本输出转化为现代物质、精神文化双重资本，最终走向设计—产业—生产力发展的良性循环。同时我们也应警醒，盲目地将创意经济发展为支柱产业，剥离制造业与设计业的关系，片面地将设计完全转向"文化产业""创意产业"，忽视制造业在其中的重要地位，缺少制造业知识产权做后盾，最终一切上层建筑都将成为泡影。英国《考克斯评估》中就提出了设计向制造业的回归计划，并揭示了这种危险："如果制造业消失了，那么，随着时间的推移，那些与之相联系的设计也会消失……"[1]

---

[1] 许平，刘爽."考克斯评估"：一个反思创意产业战略的国际信号 [J]. 装饰，2008(10):54−59.

第二节　以"系统设计观与产业链协同创新融合"优化系统设计产业链

国务院《关于推进文化创意和设计服务与相关产业融合发展的若干意见》的提出，首次把文化创意和设计服务与相关产业融合发展作为"支撑和引领经济结构优化升级"的重要抓手，上升至国家战略层面。在"互联网+"数字信息技术的推动下，创意设计业作为传统产业中的附属服务属性，在创意产业中产业链发展阶段产生了新的变化，对传统设计业中研究主体对象、目的、意义、知识结构、产业链中的地位等功能、形式、内容提出了新的要求。设计研究由从属于传统人文理论学科的"设计艺术"认知，向创意产业中"创意设计系统产业链"的社会、应用学科转型。新时期，创意产业中创意设计业与产业的深度融合研究，逐渐成为学界、业界共同面临的新课题、新挑战。

一、产业链中设计认知的局限性分析

传统设计研究理论体系中的设计史论、设计美学、设计哲学、设计文化学、设计实践、设计教育，主要是以美术学、工艺美术为学科基础而建立的。新时期，随着工业经济时代向后工业创意经济时代的过渡，为满足科技、经济、文化、社会、人文发展的需要，人类在生产、生活组织、结构逻辑方式方面发生了重大的变化，创意设计业正在经历一场新的转型升级，作为传统设计研究基石的"两史一论"人文学科研究理论体系开始动摇，使我们不得不重新思考设计研究的学科归属和理论体系，以及在产业转型定位中的应用实践研究。

在以企业为中心的传统产业链分工中，以传统"福特制"量产规模效应为主，采用多投入、多让利、多促销、多产出等周而复始的产业链运营模式。在国内尚未实现工业化的基础之上，直接跨越进入后工业化消费型社会，在急功近利物欲驱使下，众多中小企业意图通过产业链批量化加工制造，以完成短期刺激消费、达到市场竞争、资本短期积累的目的，设计实践成为外在美化的工具或手段，企业之间陷入"抄袭—模仿—抄袭"同质化竞争的恶性循环，进一步加深了产业链中对设计本质内涵认识的忽视，产业链多分解为诸多各自独立、互不影响的子单元要素。传统设计多以产业链分工中的具体微小模块为对象，设计活动中的设计方案、意见多以设计师主观评判为标准，未能真正触及用户需求的核心。设计所要解决围绕具象产品的包装、材料、颜色、造型、版式等美化装饰问题，则凭借设计师直觉、经验等不确定感性思维来完成设计创意的制作，设计只是起到锦上添花的作用。设计在整个产业链中失语，成了置于用户之上漂浮的"概念"。设计并不参与宏观整体产业链中各部分之间的结构、关系、运营等，与传播、渠道、物流等其他产业链环节联系较少，设计活动的展开由于缺少系统战略规划，在面对消费者、市场、渠道时往往造成"头痛医头、脚痛医脚"等现象。设计在产业链中的重要地位愈发为人所忽视，沦为"形式的供应商"抑或被戏称为装饰美化流水线上的"美工"。同时，创意设计业辅助推动经济发展，也加速了资源损耗等诸多道德异化问题，为人所诟病。自2008年深圳获得"设计之都"称号以来，为扭转"山寨之都"的旧有形象，深圳市进一步加大了对创意设计业与产业深度融合的扶植与推广力度。

在促进"设计艺术"向"设计产业"产业链研究体系转化的过程中，创意设计业面对主体对象、产业渠道、速度、方式的变化，在创意经济产业链中的地位、内容、范围、广度、深度也发生了重大变化，设计服务于产业的方式、方法、作用等传统属性随之改变，设计理论研究与设计实务领域正在经历一场全方位、深层次的变革。创意设计业与产业链中政策、设计管理、商业模式、用户研究、知识产权等方面的融合研究，逐渐成为未来创意设计产业理论与实务研究的重点。设计结果的评估方式，由原来雇主、设计师凭直觉、感官认知，变成为第三方公司的调研量化分析所取代，利用数据化理性研究论证方案的可行性，为未来创意设计产业服务于产业链的发展模式与转型提供重要参考。

传统艺术设计方法研究范畴为促进创意经济中设计服务业快速发展提供了有力的保障。在创意产业发展新阶段，创意设计业随着产业链需求的变化而变化。而如今，创意经济创新采用用户需求与市场导向相结合的新型发展模式，展开竞品的差异化、量化调查分析，结合目标方案的用户研究，从最初的调研以人的需求为核心，分析产品的潜在存在方式，以营销学、心理学、社会学、行为学等学科为背景，研究考量设计中的工艺、成本、结构、包装、平面标志，以及营销宣传、售后反馈等后续控制跟进因素。产业中对设计的需求，突破了设计在产业链中原有的认知范畴，不再局限于单一"物"的商标、包装、色彩、造型等装饰美化层面，从传统单一提供设计服务模式，向创意经济中针对目标对象"人为事物"产业链复合、系统设计转变，进一步凸显了设计理论研究与系统产业链中产业结构与产业链生态平衡、产业生存发展方式与道德伦理融合的重要性。创意设计业从传统认知的艺术、人文、自然学科中分离出来，结合不同社会分工（艺术家、工匠、工程师、建筑师）形成独立的产业存在。以往依靠经验、直觉、个性化的设计，受到了感性认知与理性科学共存互促，理性系统设计方法与感性创造融合汇流的严峻挑战，设计开始逐渐向具有严谨逻辑的、系统的、整体的传播学、心理学、社会学、消费者行为学、工程学、经济学、管理学等实用社会学科研究体系融合转化，以社会调查、市场研究等为基础开展实证研究，在设计产业价值链中的重要性愈发凸显，成为一个相对专业化、综合化的独立概念发展起来。

二、产业链中系统设计思维再认识

从宏观世界到微观世界，大到宇宙，小到粒子，大到人类社会组织，小到一个细胞，都是以系统的方式存在。各系统之间彼此相对联合，按照次序组合而形成具有一定功能与复杂结构的整体，与外在环境之间有着密切联系。路德维希·冯·贝塔朗菲在1945年发表的《关于一般系统论》，被视为现代一般系统论创立宣言，提出了一般系统的主要研究内容：系统内整体与部分、机构与功能，以及系统外系统与环境、人之间相互关系、作用的理论。现代系统思维分别从辩证唯物主义与运筹学中汲取营养，在实证研究中不断修正，形成系统理论定性、定量的表达形式，传统朴素的整体观逐渐演变成具有普遍意义的现代系统科学思维方法。

随着创意设计业与产业的融合发展，当下创意设计业在产业中逐渐出现分化，传统设计业主要以技术、机器、产品等外在物化资料为中心，利用艺术外在感官形式为载体，与用户功能、情感发生直观联系，为企业提供装饰、造型等方面的设计创新，以期与其他竞争对手产生差异。在创意经济发展新阶段，产业发展的需求促使设计向系统设计思维的过程逐步演进，设计思维从"物"的层面进一步深化至目标对象"事"的内涵认知，本质是对产业结构、资源整合、可持续发展等创造更为合理的生存、生活方式。通过对生产、生活中现象的观察，以及问题的系统归纳、总结，提出系统性解决问题的方法、组织、概念、结构等，并以此来创造市场、创造需求、创造消费者，从而进一步深化对创意产业中系统设计思维本体论、认识论、方法论的认识。

面对产业环境、客户需求的变化，系统设计方式、方法也发生了较大的变化。系统设计作为产业链中关键的中心环节，主要探讨以用户合理需求为中心，借助系统论相关思维理论，强调系统论为主导的设计方法论，在不同时间、物、环境、条件、背景等信息综合分析的基础之上，对观察、使用、情感、体验等关系或矛盾各要素之间系统设计方法的综合认知，最终直接决定对象系统设计的内容与形式。系统设计多以民族志学研究方法为基础，针对用户社群，利用描述社群文化的文字、影像、环境空间、入户访谈、情景观察等方法，利用系统将收集的资料信息视觉化，形成具有严密逻辑思路的思维导图，以便开展定性分析与定量分析，同时从设计、工程、管理、营销、传播、渠道等产业链角度对信息进行归纳、总结，找出关键的设计指导信息，形成有别于传统主观零散设计的系统服务设计。

系统设计思维是系统论思想、方法论在创意产业设计服务中运用的思维形态，系统论思想观点作为系统设计思维的理论基石，对创意设计业具有重要的指导意义。系统设计思维将设计视作一种创造行为，既是一种观念，也是认识与创造事物的观点与看法，突破传统"物""术"的思维层面，将系统论上升为设计方法论与设计哲学观的研究，对系统设计思维设计观、方法论的形成具有重要意义。系统设计方法为设计实践中的指导思想与原则提供了有效依据，以整体性、综合、全局视角研究设计对象及问题，实现设计问题解决过程、方式、目标的优化（图7-3），形成以人、物、环境为中心，系统论思想为指导，利用科技与媒介为工具，通过从观念层整合，重新认识产业链中设计的组织结构、功能、关系、目的、意义，从为用户提供全方位、综合全新角度解决问题的策略，上升至对生产、生活、文化等层面的系统设计，从而形成差异化"创意设计业"服务系统，创造出合理、健康、可持续的差异化系统设计，也是创新的灵魂与本质。

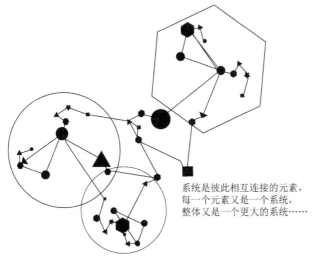

系统是彼此相互连接的元素，
每一个元素又是一个系统，
整体又是一个更大的系统……

图7-3　设计中的系统思维

系统论在创意设计业中的运用，是以用户需求为导向，按照一定思维逻辑架构，对已有知识、资源重新加以整合、重构，将设计过程中各要素之间组合排列，形成具有产业既定功能的设计思维方法。系统设计思维具有以下几个特征：①整体性是系统设计思维的基本属性。产业目标对象内部是具有不同属性特征的各要素，根据逻辑统一性原则构建的有机整体，各部分设计要素之间不是简单的集合、累积，而是以用户整体性为需求，内部设计单元的整合协调。②系统的集合性主要是指系统设计内部诸元素，以及系统设计外部，还有系统与系统之间、系统与产业环境集合体之间的相互关系及作用，彼此之间既相互联系又相互制约，共同确定了系统设计集合的形态及属性，以及模块化系统设计之间的协调性与匹配性，以实现目标对象复杂系统设计的分析与把握。③目的性是系统分析与系统综合的原点与根据。在对系统设计目标对象进行分析时，首要任务就是确立目的与要求，进而确立系统各层级目标，根据总目标对系统结构中各层级目标加以控制、调节和管理，以期达到与设计目的相适应。无目标的系统分析、系统综合是毫无意义的。④层次性作为系统设计的普遍特征，可将系统设计中各要素划分为若干子系统的层次结构，甚至更小的子单元、元素等，各层次结构、子系统、要素之间在系统设计中既相互作用又相互依赖，共同形成系统设计的结构与秩序。⑤动态性。物质是运动的，同样由物质特性、形态、结构、功能及其规律性，而形成一般动态系统，系统设计中各要素、系统与系统、系统与产业环境之间，都存在原材料、信息、市场的流动。⑥适应性。系统设计内部各层级系统、元素，都会受到系统外部环境因素的干扰，系统的外部条件是相对概念，此系统既是自身子系统层级的内部环境，也是其他子系统的外部环境因素，提高系统外部适应性的反馈机制，能在很大程度上增强系统的综合效能，是对创意设计业具有实际指导意义的科学设计方法（图7-4）。

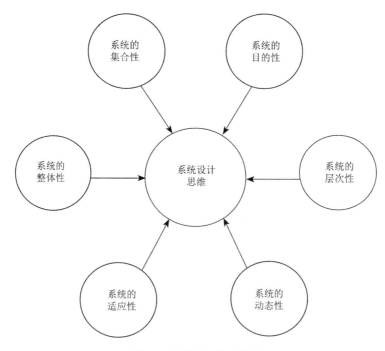

图7-4　系统设计思维特征

系统思维是在设计中开展理论研究体系与实证研究的前提，是树立整体性、综合性、全局性的设计系统观的理论依据。目标对象的系统设计主要由系统分析、系统综合两部分构成，其中系统分析通过对设计系统构成要素、结构层次特点的分析，凸显设计目标关键信息，为设计提供有效索引；系统综合则依据系统分析众多综合信息结果，按照目的的不同，采用制定相应标准与方法，进行对象资料的评价、整理、归纳、总结、完善、改进，以制订契合设计对象的最佳综合设计方案（图7–5）。梳理系统设计思维分析与综合的框架与体系，将设计目标对象置于系统战略思维，结合设计业自身行业的本质特征与规律，从全局的视角分析设计对象，根据目标、形式、内容等分析、归纳出子系统设计构成中的基本要素，加强整体与部分之间的关系分析、综合，综合考量设计对象、环境、结构等因素，充分探讨时间、环境、人、物要素之间的关系，优化方案、管理、传播、渠道等子系统要素，形成系统设计分析—系统设计综合—系统设计—系统设计优化实施的系统分析与系统综合统一的步骤方法，以达到高效的系统整体性目标，是对设计实践中设计效果、设计实现的过程、设计过程优化及可持续问题等整体系统的研究（图7–6）。系统分析是系统综合的基础与手段，两者的综合统一作为系统设计的基本方法，是扩散与整合过程的统一。传统设计由于过分注重对设计层面技巧、技法、元素的追求，忽视了对产业链中系统设计分析与综合的理解，往往陷入盲人摸象的尴尬境地。

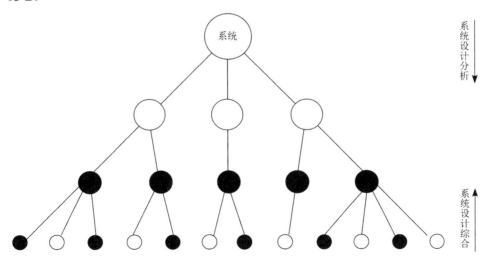

图7-5　系统分析与系统综合

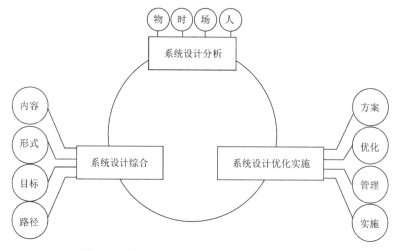

图7-6　系统设计思维分析与综合的框架与体系

三、系统设计思维与创意产业链的融合

任何事物都存在于社会系统之中，与周围各因素、子系统、巨系统[1]建立紧密联系。设计作为满足以人为中心的生产、生活需求而开展的构思、计划、思考、实践过程，可以分为静态设计与动态设计两部分。静态设计多表现为内在思维的外在表现形式与内容，即传统设计作品；而动态设计是设计与人、物、环境之间的动态演绎过程，与产业链各阶段之间的融合具有鲜明的系统性，演化为建立在产业链系统分析的基础之上而开展的系统设计。两者具有紧密的联系，但又有所区别，设计作品虽然是相对完整的系统，但只是产业链系统设计的一个阶段，从属于产业链大系统的子系统，创意产业中系统设计与创意产业链既互相融合，又相互作用。

设计个人或机构为产品提供专业的解决方案，但鲜有设计师将自身设计理论与实践成功运营为品牌，这也是笔者一直在思索并颇感困扰的问题。对此，笔者在实地调研与访谈中发现，设计师关注的重心一般多是围绕作品"物"而开展的设计活动，传统设计多以某个具体目标对象的内涵、形象、原理、色彩、结构、

---

[1]　1979年，钱学森和乌家培在论述社会系统工程时指出这不只是大系统，而是巨系统，是包括整个社会的系统，强调这类问题的范围之大和复杂程度之高是一般系统所没有的，这是学术界第一次提出巨系统概念。

材质、形态等显性特征为主要研究内容，而与"物"外密切联系的外部因素——创意产业链上下游之间的结构、功能关系，如生产、运营、管理、营销、渠道等产业链整体系统设计却鲜有触及，这也是造成上述问题的重要原因之一。随着产业对创意设计业需求的变化，深圳创意设计业主体逐渐分为两个部分，一部分成为明星设计师、行业意见领袖，将个人运作成品牌符号进行推广，一般多以设计师个人或工作室形式存在；另一部分是设计企业化品牌运营，通过参与资助设计、企业、论坛活动，阐述、展示企业品牌形象的内涵等措施，传统平面设计师的工作方式、领域逐渐向社会化产业系统设计转型，比较有代表性的深圳设计师有黑一烊、冯志峰等。将公司业务喻为"工作界面"，划分为编辑、空间、策略、平面、广告、策展等模块，各模块相对独立但又紧密联系，相互交织形成不同于传统单一设计的"混合动力"工作模式，充分利用掌握的社会资源进行生活哲学或社会参与性的设计价值转化，以期达到系统设计统一下的非统一性，使传统创意设计业与商业、社会服务产业链趋于综合性整合。

产业链概念是工业革命后，社会化分工机制形成后而形成的。依据产业链理论，创意产业链主要由创意概念、创意生产、创意消费三个基本模块构成，在产业链中对应模块分别是致力于创意概念、设计实践的设计生产环节，商业化开发及市场化运作的经营、流通环节，以及通过设计商品消费体验实现创意价值的消费环节。创意产业链的核心是产业链系统中各环节之间的价值"链接"，创意产业链中具有经济价值、文化价值、艺术价值、社会价值特点的设计，作为人类生产、生活方式表达的信息载体，使创意产业上下游各增值环节相互联系、相互作用以形成有机整体，在推动创意产业链价值实现与产业增值的构建过程中具有举足轻重的地位和作用。

创意产业链主要包括"点与点"链接的供需链、"点与线"链接的企业链、"线与线"链接的空间链、"链与链"之间的价值链四个维度的概念（图7-7）。其中，企业链作为供需链、空间链、价值链的载体，实现创意产业链各环节空间中的布局，使供需链相互链接，从而最大化实现创意产业价值。企业链核心——企业通过创意产业链上游、下游纵向延展，从最初的概念到最后成为消费者手中的商品，以及后续的可持续回收与产业链中众多环节相互配合，从而形成"纵向一体化创意产业链"。可以说，以人为中心的企业链是创意产业链的核心与关键。创意产业链按照一定功能与目的将原有各系统部分划分为从属于创意产业链整体的分属子系统要素，并将各系统、系统与环境、系统与用户之间的关系，整合统一纳入考量系统体系，决定了应以系统、整体视角来认识研究目标对象，而服务于对象的设计必然属于综合解决系统问题的要素，而不仅仅是表面的装饰，应进一步加强系统设计与创意产业链的融合。

"点与点"的供需链

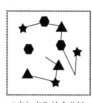
"点与点"的企业链

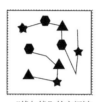
"线与线"的空间链

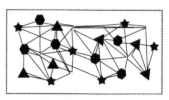
"链与链"之间的价值链

图7-7　创意产业链构成维度

在传统工业时代，驱动市场效益利润增值多以引进先进设备、加快技术升级的企业加工制造产业链为主导方式，发展的重心以批量化加工制造来实现利润的最大化，由于缺少系统设计思维与产业链的结合，导致了对目标对象的失控、设计的偏差、"物欲"的过度追求、急功近利等后果。随着工业化进程加剧，生态环境污染恶化、资源危机、人口急速膨胀等问题日渐突出，引发了诸多关于发展方式的伦理思考，因此在新时期构建系统设计与创意产业链融合的新型发展模式具有重要意义。实现系统设计与创意产业链的融合，不是创意产业链中各环节、部分与设计的累积，整体等于部分之和，而是注重系统设计非加和性，协调创意产业链中设计与各元素部分之间关系的整体意义，整体大于部分之和。过去对单一设计的功能、造型、色彩、包装、标志等显性层面，逐渐向用户全程参与整个产业链的流程、操作、原则、目的系统设计方法论转变。系统设计成为外部产业链或内部各环节要素之间的逻辑架构，而不以单个设计目标元素、因子、功能等为重心；注重整体设计战略的布局，而不以局部设计优劣为重心。系统设计与创意产业链的融合，是具有开放型、合作型的过程平台，用户参与度的有效性直接决定整体产业链系统设计的效能。

在互联网信息技术的冲击下，纷繁复杂的人本、体验、服务、交流、交互等非物质制约因素的影响，以"物"为代表、企业为中心的工业时代产业链逻辑结构七大环节——产品设计、原料采购、产品制造、仓储运输、订单处理、批发经营及终端零售受到挑战，传统设计在创意产业链中的主体角色定位随之改变。在有形产品向无形服务转变的过程中，以企业为中心的生产端设计价值创造，在满足质量、功能基本需求的前提下，向以用户为中心的消费端转移，用户对系统设计服务的体验成为衡量创意产业链价值的重要标准。设计重心由"物"为导向的传统企业价值链向柔性综合系统服务语境转移，拓展至整个产业链综合服务系统。系统设计与产业链融合的各环节、节点都是信息交汇的"触点"，形成与传统设计驱动产业发展的新内涵导向——用户驱动导向、消费导向、全过程导向、非一次性服务导向、非设计师导向、非生产导向等开放式综合解决方案，是传统设计向系统设计与产业链融合的升级。

围绕工作、学习、餐饮、娱乐、运动、社交等生活方式的概念、策划，系统设计思维与创意产业链的融合成为构建全新的社会服务系统设计范畴，两者的融合不是简单意义上产品系统设计的延伸与拓展，而是优化调配资源，统筹兼顾多方需求，充分实现社会设计价值的最大化。需求的设计不仅是单一产品的功能、造型方面，而是整个产业价值链环节的系统设计，一味追求装饰造型设计或产品研发设计，而忽略可持续集合社会系统中产业链整合设计，势必造成传统设计运营模式的失败。传统创意设计业应结合自身产业资源优势与"互联网+"发展模式，实现系统设计与创意产业链的融合，观察、发现生产、生活中存在的问题，并通过分析、归纳、总结，探讨问题的本质，进而提出整体性、综合性优化的系统解决概念、方法，形成作为整个社会及人类生存发展的生产、生活的系统设计，如交通方式系统设计、农业产业系统设计、社交系统设计、旅游文化系统设计等，这些都是系统设计思维与产业链融合的研究与实践，成为当今设计学与产业融合研究的重要内容。

系统设计思维与创意产业链的融合，主要从产业链系统的整体性出发，研究产业链系统整体，以及产业链中各环节若干子系统元素之间相互作用、相互依赖的集合，形成具有特定功能、目的的有机整体。两者的融合不仅要围绕技术、工艺、原理、形态、生产方式而开展设计技巧与设计理论为中心的研究，还要在产业链宏观背景下，考察与人、物、环境密切相关的平台、营销、传播、渠道等系统设计思维方法的培养。

设计作为横跨自然科学与人文科学的综合交叉学科，随着科技、经济、社会的进步与需求的变化，设计的内涵与外延都在演绎新的内容。以产品、服务为载体，围绕科技、文化、艺术而展开的新型产业链的社会系统，贯穿于生产制造、营销渠道、消费、环保回收等全过程，设计价值在系统产业链中得到有效转化，系统设计与产业链的融合成为实现特定目标而进行的新型价值创造活动，对产业结构优化升级、引导消费、提升资源利用价值、企业品牌综合竞争力、塑造先进文化等发挥着重要的作用，同时为构建和谐社会健康合理的生产、生活方式，提供重要驱动力。

第三节 以"设计与科技协同创新融合"增强设计驱动力动能

改革开放40多年来，深圳经济取得了备受瞩目的成绩，但在深圳传统产业结构的调整演进过程中，依然存在大量依靠高能耗、低附加值、缺乏自主知识产权核心技术的加工制造"山寨"产业，这不仅成为深圳未来创新发展的"软肋"，而且逐渐不能与创意经济发展新阶段的需求相适应，并在未来全球化产业分工体系中风险剧增，产业结构优化升级任重而道远。发展经济学先驱之一——美国经济史学家罗斯托的主导产业理论，认为产业科技创新与产业结构优化升级将成为主导产业驱动经济发展，并"创造了新的技术发展空间和新的需求，从而推动了其他产业的发展，决定主导产业对其他产业带动能力和推力的主要是其技术水平"[1]。基于此，在新时期，深圳为进一步优化提升产业结构，重点发展高新技术、金融、物流、文化创意产业四大支柱产业。依据罗斯托主导产业理论，科技创新水平直接决定其他产业创新与升级，高新技术产业与创意产业作为提升深圳产业的主导产业，将联动其他产业发展，并提供重要驱动力。

一、设计为主导"创意产业"与科技创新的协同循环机制

"创新"理论最早由美籍奥地利经济学家约瑟夫·熊彼特于1912年在《经济发展理论》中首次提出，他认为"创新是把生产要素和生产条件的新组合引入生产体系，建立新的生产函数活动，创新的关键是知识和信息的生产与传播，使用技术创新能够推动经济周期性的增长"[2]。科技创新带来技术表征为驱动的机械化、自动化、标准化、规模化等工业转型过程，进而起到创意产业生产力价值增值、重塑的重要作用，创意产业作为科技、经济、文化融合的产物与载体，凝聚着设计创新与科技创新理论与实践成果。高新技术产业与创意产业作为深圳未来

---

[1] 高俊光，于渤，杨武.产业技术创新对深圳产业结构升级的影响 [J].哈尔滨工业大学学报（社会科学版），2007(4):125-128.

[2] 解学芳，臧志彭.科技创新协同下的创意产业发展机理研究 [J].山西财经大学学报，2007(9):44-49.

着力发展的支柱产业，实现了科技创新与设计创新的融合，成为深圳未来创意产业发展的新引擎，符合深圳产业发展方式与理念，对加快传统产业升级、促进创意产业发展具有重要意义。

随着工业经济时代向以科技创新与知识创新融合为内涵、本质的知识经济、信息时代转变，科技创新与设计创新作为知识创新外在表现形式，作为科技、艺术、人文融合的产物，在未来产业彼此融合发展的趋势中不断深入。传统产业依托现有资本、劳动力等生产要素规模集聚，通过压缩成本、提高人力资源利用率和增加附加值等成本竞争型发展模式，逐渐以科技创新为主导、知识产权为核心，并被提升产业竞争力的新型发展模式代替。通过具有提升产品价值结构功能的技术创新，拥有先进科技而形成工艺、加工、制造流程的优化，成为企业间竞争的基础与关键，但技术创新极易陷入复制性、重复性的同质化竞争的尴尬境地。设计的拉丁文为"de+signare"，含义为"差异化标记"，差异化概念内涵自然融入产品设计研发、组织架构、管理、渠道经营等过程，并在此过程中实现产品价值的增值、创造差异化的目标，而创意产业是在产业内、企业间着重以差异化竞争为主导，着重提高价值总量，赋予创新独特的重要意义。

创意产业与科技创新具有紧密的互动、协同发展机制。创意产业作为产业发展新业态，具有知识型、智慧密集型产业特点，创意产业产生、发展所需要的环境、条件，以及实现提高产业附加值、竞争力，科技创新在其中具有重要的促进作用，科技创新亦是有效提高创意产业竞争力与抗风险能力的关键因素。创意产业与科技创新融合需要在制度创新协同下发展，产业、经济制度的变迁与创新是影响科技创新的根本与源泉，建立与之相适应的产、学、研、用制度保障，借助科技创新，使创意产业众多服务内容的规模、范围、效应，通过拓展信息传播渠道，与市场的需求相结合而实现标准化、批量化生产转化为商品，使科技成果与创意产业的融合转化成为可能，将设计、理念与科技创新的特点相融合，体现出有别于传统产业的个性化、差异化，使文化创意与科技创新融合成为增加产业附加值和提升竞争力的两大引擎。[1]

[1] 张海涛.创意产业兴起的背景分析及其启示 [J].中国软科学，2006(12):58–64.

虽然科技创新与创意产业对应的主体不同,但科技创新推动创意产业的发展,与所提供的技术平台与技术支撑密不可分,其为创意产业与传统产业领域融合提供了条件,使满足人的需求成为可能,降低获取信息、沟通、渠道的成本,有效提高了企业与产品的综合竞争力。当下,借助互联网、数字平台技术优化细微、复杂的固有生产流程与逻辑结构,以及传播路径与方式、方法,促进产业、经济、社会、文化的发展,这已为大众所能普遍接受,具有特定文化价值、经济价值的发展模式,这极大地改变了人们的生产、生活方式。科技创新作为创意产业的助推器及内生动力,作为创意产业中重要内容的创意设计业发展繁荣,以及创意产业中文化与创意的产业形式、内涵存在与发展,都与科技创新密不可分。从造纸、印刷术推动平面设计、雕刻、文学等多种业态的出现,到信息数字技术推动电影、电视等多媒体艺术形式的出现,再到现代互联网信息、数字技术的应用,无不体现科技创新的重要驱动作用。创意产业借助科技创新平台,将文学、艺术、经济、产业完美地融为一体,有效地驱动了产业附加值的增加,极大地拓展了创意产业的内容、形式。

同时,创意产业在科技创新成果市场化转化过程中发挥了重要作用。创意产业中的科技创新不再局限于具体行业、技术领域,而是利用创意产业中科技创新成果与设计创新融合而形成"蝴蝶效应",在创意产业中实现科技成果的转化,促使产业向更高层次新业态发展。创意产业在发展内在需求的同时还驱动科技创新的发展。传统分散、单一服务形式的"产品经济"逐渐向具有更新周期短、知识密集度高、高增值性、数字化、网络化特征的新型网络平台经济转化,与受众消费习惯产生双向影响,推动可持续经济、绿色生态经济等新型创意产业发展。

一方面,创意产业依托现代科技手段,拉近具有科技创新特征的创意产业与大众的距离,处于价值链高端的创意产业与科技创新的融合,重构了传统业态分工与利润分配,促使产业价值链发生新的变化。科技创新借助与服务业、制造业等其他产业的融合,进一步拓展了创意产业传播范围的广度与深度,提高了科技创新成果的传播效能。另一方面,创意产业借助互联网数字信息、多媒体、网络技术,重构了传统大众生产、媒介、营销、渠道的方式与内容,催生了创意设计业中的动漫设计、工业设计、建筑设计、服装设计、平面设计等设计业态；结合娱乐、旅游、景观、购物、社交等用户需求的开发，以用户参与、体验、互动为主导，改变传统被动、说教方式，以更高效的传播效能，实现线上、线下O2O的价值增值，如百度贴吧、百度知道、百度百科、去哪儿网、58同城、当当网、微信、QQ等。可以说，创意产业的发展正是科技创新发展的结果。

面对互联网泡沫的饱和膨胀，移动互联网、物联网、智能硬件逐渐成为未来适合深圳创意产业发展的新趋势，应努力促进创意产业与科技创新的融合。通过建设深圳创意产业公共科技信息服务平台，加强科技创新成果与产业转化融合，实现资源共享、统筹调配，为创意产业主体及产业链各环节提供共性、基础性的技术支持、开发、测试平台，有效实现技术成果转化，降低创意产业中的产业创新成本，如数字图书出版、动漫、影视制作、建筑、物流等行业。提升深圳创意产业竞争力的重要手段是科技创新，利用科技协同创新发展深圳创意产业，为深圳创意产业的发展提供动力与技术后盾，创新科技与创意产业中的文化内涵、服务本质相结合，整合深圳传统产业中的产业逻辑结构内容，促进文化、创意、设计等生产力要素与科技创新的融合，实现深圳创意产业生产过程中各要素的优化组合，向以高科技、集约化为特征的创意内容产业演化，加快深圳产业发展的更迭速度，缩短产业更新周期，提高传统产业升级的价值增值潜力与增值空间，构建创意产业与科技创新的内在机理。

3D打印、CNC（computer numerical control）、微处理器等科技创新技术的成熟，带动了深圳行业间创新精神的形成。深圳发展高新技术为特征的创意产业，具有良好的制造基础、市场基础、产业基础。在华强北电子元件市场，大众可以非常便捷地买到实现各种功能的电子元件，设计、组装、产品量产规模化，一天之内就能拿到成品（图7-8）。科技的平民化降低了大众参与设计、制作的门槛，可以将各种不同层次的创意、想法转化为可视化产品，形成深圳独有的"大众智慧DIY"浪潮，进一步推动深圳创意产业的蓬勃发展。如深圳柴火创客空间，以TechSpace、SZDIY、Hackerspace为代表的"创客"的兴起，融汇了国内外创客文化群体，吸引硬件孵化器HAXLR8R进驻华强北，坚持走智能硬件创业孵化的道路，并于2012年成立首届"深圳制汇节"，开发出运动手环、智能插座、智能手表、麦开智能水杯等产品；蛇口南海意库"2014深圳制汇节"更是吸引了Dale Daugherty、Chris Anderson等大咖的参加（图7-9）。深圳"创客"展现出既有创意又有科技含量的智能硬件产品，将创新精神与需求、设计、先进制造、市场紧密结合，转化为积极产品的良性循环机制，实现了行业、科研、资本的对接，发挥创意设计业在科技创新中的助推作用，以用户需求作为设计创新与科技创新的动力与目的，打造具有文化内涵、品牌意识的创意设计生态环境发展战略。

图7-8　华强北电子元件市场

图7-9　深圳创客"深圳制汇节"

　　同时，我们也应看到在当下深圳创意产业与科技创新转化过程中，存在一定的炒作与泡沫。如由LKK洛可可设计集团下属公司研发、设计、生产的55度快速变温水杯，宣称利用随温度变化发生可逆固液转换的微米级相变材料，倒入开水或冷水摇1分钟，杯内水温可降至或升至55度左右。但据相关材料，55度快速变温水杯只是利用热传导原理，在合金夹层中充入特定"高科技材料"，因此，该产品备受质疑。另外，利用"集赞免费送"增加粉丝量、"付邮费免费送"赚取差价、囤货代卖等一系列不良营销手段，失信于消费者，使高科技成果通过设计创新产品转化为人所诟病。

　　由于深圳创客运动缺少相应的设计、品牌、知识产权、市场化运作机制保驾护航，出现良品率低、同质化高、产能不足、体验不佳、返修退货等问题，深圳被冠以"山寨之都"的称号，但创意产业总体发展呈现螺旋上升的良性发展态势，相信未来深圳创意产业与科技创新融合一定会走出适合自身经济、产业特色的良性循环道路。

二、"创意产业"中科技创新助推设计创新的发展

　　随着知识更新、需求变化、产品升级速度的加快，科技创新作为设计创新发展的基础与先导，进一步拓展了设计方法、形式、内容的广度与深度，创意产业发展与科技创新中材料、工艺、技术、信息等领域的创新发展密不可分。如计算机图形技术、动作捕捉技术、仿真技术、数据传输技术等在创意设计业中的应用，催生了工具软件Photoshop、Illustrator、3Dmax、Premiere、After Effects等。科技创新产生的科技成果科技含量越高，设计创新形式与内容的更迭速度与程度，以及创意产业演化周期就越快（图7-10）。未来设计创新发展是以科技创新为先导，应充分认识科技创新在创意设计业中的重要作用，结合网络数字信息技术，形成创意产业中多产业形态之间的交叉与融合，使设计创新向更为深远的层次迈进。

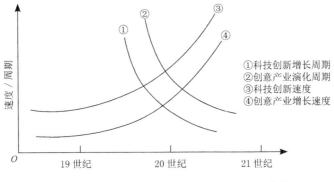

①科技创新增长周期
②创意产业演化周期
③科技创新速度
④创意产业增长速度

图7-10　科技创新与创意产业演化周期关系

　　科技创新在为设计创新提供新材料、新工具、新技法的同时，带动了创意产业中学科的交叉与融合，进一步丰富了设计创新思维的架构与路径，形成了新的设计观与方法论研究。现代科技的进步使传统以人文学科为基础的设计，逐渐向自然科学、社会科学研究领域交叉融合，依靠现代科学、社会学、人类学等研究方法论解决设计问题，研究路径方法呈现出多元化、动态化、综合化、整体化的发展趋势。设计创新在科技创新成果转化过程中，设计创新成为融合控制论、系统论、信息论等众多学科的交叉学术领域，各学科之间相互渗透，对丰富设计理论、实践与教育创新大有裨益。

　　科技创新成果通过创意产业中创意设计业的融合转化，所产生的"蝴蝶效应"不可估量。例如，3D打印技术以电脑数字模型为基础，运用粉末金属或塑料等可黏合材料，通过逐层打印的方式来构造物体。[1]3D打印凭借成本低、灵活性、定制化等适于小批量生产的特性，对传统中小企业产业升级，以及创意产业中设计创新机制的形成，具有重要的推动作用，与传统大批量制造业形成优势互补，改变传统设计创新与管理模式，推动设计与产业链的重构。中小企业通过3D打印技术优化生产工艺，迅速实现小批量产品原型的设计、制造，在极大程度上降低了产品功能匹配性测试、市场化风险成本、创新成本等，有利于传统产业结构转型优化升级的调整与完善。利用3D打印技术设计创新与科技创新融合，而引发新的商业模式连锁反应，为中小企业机构或个人创新、创业提供了新

[1]　胡迪·利普森，梅尔芭·库曼.3D打印：从想象到显示[M].赛迪研究院专家组，译.北京：中信出版社,2013.

的思路（图7-11）。在信息化浪潮下，以设计、制造为重心的发展机制应转变为设计管理与战略研究，利用互联网平台摆脱传统产业链的束缚，形成新的"扁平化"的商业模式，使用户全程参与或设计、制作产品，实现自身小创意成为可能，赋予设计创新推动产业发展新角色定位，提供了新的模式和路径思考。科技创新的极致追求将设计提升到更高层面，使设计由原来的少数人掌握的专业性职业，逐渐成为公众的普遍素养、情怀、眼光，抑或一种能力，改变了传统设计的工作方式及设计需求。

图7-11　深圳创客系列活动

科技创新的演进不断推动设计创新，主要表现在以下两个方面。

（一）科技创新的发展促进设计方法的革新

自然科学、社会科学、人文科学中的仿生学、人机工程学、数学、物理、形态结构、民族志学、质化研究、量化研究、艺术审美与修养等理论与实践研究成果，对设计方法创新具有重要的促进作用。传统设计脱胎于人文艺术学科，以主观、感性、美学为准则，而今设计研究实践活动作为自然科学、社会科学、人文科学融合的产物，其创新原理、研究方法对丰富设计形式、内容及新学科的形成有着直接影响。科技创新推动了生活方式的变革，使传统设计目标、对象异位，带来了设计过程与概念的创新，改变了传统具体单一"产品"的设计方法与程式，以及设计与生产、制造、销售产业链脱节的状态。传统设计注重产品物质功能操作系统的适用性，而当下依托计算机数字技术，则更加强调以消费者体验为中心的服务系统设计。科技创新带来的信息数字平台将在人、物、环境各系统之间建立新的系统连接，推动设计创新理念由具象有形物的创造，进一步深化拓展到抽象系统综合的设计领域。设计研究实践领域不再局限于传统人文艺术学科视觉、美学角度思考、解决问题，设计从以往专业范围的平面、工业、家具、服装、室内等设计，转变为全方位、跨学科的跨界融合创新系统。重新调整、完善原有人文艺术知识结构体系与实践，拓展当下设计新定位、新任务的广度与深度，在产业、经济、社会、文化中发挥更大的价值增效。例如，深圳嘉兰图设计公司内部汇聚设计师、技术专家、分析师、策划师组成的专业团队，为客户提供品牌与产品竞争力为核心的综合解决方案，服务内容涵盖市场与用户研究、品牌与产品策划、产品设计、设计成果产业化服务等，有效地将设计产业链上下游的资源进行系统整合，为用户创造增值价值。

创意产业中的创意设计业可以理解为，在互联网、数字信息背景下，形成以精神、功能综合创意需求为原点，高科技为支撑，互联网信息传播媒介为平台，艺术哲学、社会学、心理学、产业经济学等诸多领域交叉的学科整合，具有产业附加值高、产业联动性强，可持续发展的文化艺术与经济集聚的新型产业类型，扩大了传统设计的研究范围，以更为开阔的视野丰富了设计思维与方法论。可以说，科技创新从根本上带动了设计创新的发展。在苹果手机出现以前，诺基亚、摩托罗拉、索尼等传统手机巨头产品有自身设计特点，然而苹果手机的出现将技术创新与设计融合应用到极致，产品的外观设计逐渐出现趋同性，缘于苹果公司提出超越传统硬件外形的全新设计理念。苹果手机将传统硬件设计转为内在系统体验的综合问题解决设计，采用只保留一个物理返回键，其他依靠触屏一键解决多项问题的设计思路，逐渐形成为苹果所独有的技术创新、产品创新、制造模式创新、商业模式创新、品牌创新"五位一体"的综合创新模式，并成为设计驱动型创新企业的典范。

（二）科技创新的发展推动设计形式的革新

科技创新推动多样化设计创新形式的产生。在传统设计中，设计软件作为实现想法的辅助绘图工具，并未参与设计的过程，而是处于设计技术的低层次运用，对设计思维的发挥存在一定的局限性。近几年在设计领域，参数化设计兴起并取代传统视觉感官非理性设计，通过对目标对象内在元素、单元，按照一定规律、结构进行归纳整合，形成新的逻辑组合，创造出自适应的变量设计方案。如"水立方"膜面新材料结构，就是采用参数化设计的范例，主要基于泡沫结构理论逻辑延伸，实现模拟效果设计而来，即设计Mesh基于Voronoi（泰森多边形）的算法（图7-12）。利用膜面气泡中心到边缘多个气泡相互支撑形成的稳定结构，表面张力统一而均匀，视觉效果既美观，自身质量可以忽略不计，同时又可以对此参数化结构任意切割变化为多种形态特性的设计。

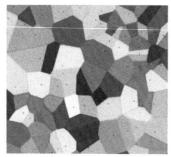

图7-12　基于泰森多边形算法的"水立方"膜面新材料结构应用

参数化设计是计算机数字技术发展的结果，使得传统设计过程转化为各种数据信息，带动了数理逻辑、矩阵、三角函数、几何构建逻辑等数学关系，在设计中的转化运用将纯粹的感性设计与理性参数化数据相结合，跳出传统目标对象单一个体视觉设计范畴，放眼于人、物、环境之间具象与抽象的系统关系模式研究，通过其中的变量衍生关系，量化各系统元素之间的设计逻辑，形成基于参数逻辑结构的造型、色彩、结构等参数化设计。要求设计师从单一设计学科思维模式，向多角度跨学科综合、系统的设计方法论转变。例如，参数化设计中分形理论（Fractal）在包装、版式、海报、产品、空间的应用；利用原子、分子结构设计建筑、工业等（图7-13），利用相似、迭代生成原则，正确处理设计系统中的整体与部分、复杂与简单、有序与无序的关系，拓展并优化后续系统规划设计、生产、制作、流通所产生的限制，进一步拓展设计内容、方式、方法的革新。

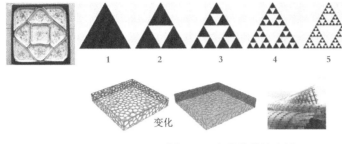

谢尔宾斯基三角形
（Python 递归）

1　　2　　3　　4　　5

变化

图7-13　参数化设计方法

在机器大工业时代，蒸汽机的发明推动科技达到了新的高度；新能源的变革使冶金、制造、纺织等行业飞速发展，促使玻璃、钢材、塑料、复合材料等各种新型材料的产生，利用易于脱模成型工艺等材料特性，通过设计创新，使超高建筑、工业产品纷繁复杂的设计形式成为可能，广泛应用于人们的生产、生活中，呈现出多样新颖的造型式样，改变了传统手工业生产中的产业结构，生产、生活方式发生了巨大的变化，推动设计创新进入了新的阶段；现代印刷术导致书籍装帧设计形式发生变化；1839年达盖尔摄影术及照相制版技术的发明，视觉传达设计中图文混排的出现，利用现代眼动仪在平面设计中的数据分析应用，进一步深化并扩大了视觉传达设计的研究与实践领域，推动了设计思维、功能与设计形式的创新（图7-14）。

图7-14　科技创新助推设计创新

数字信息技术的进步，使设计的原有商业模式与服务方式发生了重大变革——以包豪斯为代表的现代主义作为工业时代的产物，而后现代设计语义特征中的情感化、多元化、图像化、结构化、融合化、娱乐装饰化则是对科技创新的反映。新时期以微电子技术为基础的信息技术革新，使智能电子装备小型化，推动了计算机的产生，利用计算机软件为平台，衍生出依托计算机数字平台技术的绘图软件，设计以数字媒介编码、指令为中介，将无形概念、思维等虚拟形式，转化为有形形象，带动了设计原有工作方式、方法的变革。通过计算机强大的数据库获取设计所需的资料、参数、工艺等，兼编辑与设计于一身，降低了设计成本，带来了设计的便捷与高效。根据后工业时代用户消费需求的变化，进一步满足了多样化、个性化、智能化的设计需求，使设计创新形式更加多元化。美国学者尼葛洛庞帝（Nicholas Negroponte）在《数字化生存》中谈到，"信息的DNA"正在迅速取代原子而成为人类生活中的基本交换物。

三、"创意产业"中设计创新与科技创新的融合转化

在工业时代向信息时代过渡的过程中，人们在衣、食、住、行等生产、生活方面发生了颠覆性的变化，设计为生活而创新，成为人们生产生活中对设计的普遍认知。尤其数字信息化技术在设计中的运用，突破了传统设计中以艺术教育为主导的技术、经验等情怀、感性范畴，开始与材料、工程、机械、制造、信息等多学科领域交叉结合，如麻省理工学院媒体实验室（MIT media lab）。产业升级与消费需求的多元化，促进了以设计、创意为主导的创意产业与科技创新的融合，开拓了创新性需求市场。科技创新与设计创新是融合转化关系，科技创新通过设计创新整合科技创新成果，将具体可见"物"的功能形式变成现实，并服务于生产、生活，成为一种社会资源为人所需求；设计创新则作为此资源的载体，使之成为生产、生活可接纳与消费之物。科技创新与设计创新融合才能实现社会财富的积累，发挥科技创新的作用，为市场所接受、消费者所认可，科技创新才有价值与意义，设计创新的发展是依靠科技创新而推动发展的。

当下实现经济结构转型，创意设计业在创意产业中的作用不可小觑，创意产业中的创意设计业对拓展传统产业价值链、重塑市场竞争理念、延长产品生命周期、提升技术创新的能效有着重要意义。设计驱动式创新与技术创新的融合范式，进一步拓展与深化了创意产业中设计研究的对象、方法、路径、领域。目前，国内对于创意产业的研究，多从文化、区域经济增长、产业集聚、就业等宏观政策、理论层面，抑或设计学科内部关于"史""论"等角度开展研究，而从创意产业中设计创新与科技创新转化角度，以及系统探析创意产业中设计与科

技、产业之间的研究却鲜有人问及。国内创意产业研究专家金元浦（2006）曾提出，创意产业的根本观念是通过"越界"促成不同行业、不同领域的重组与合作，以实现技术和新经济的"杂交"[1]，创意产业转化科技创新的经济功能，对传统产业具有重要的改造作用及产业联动效应。

在新的时期，要探索创意产业中科技创新与艺术融合下的设计创新转化，转变生产、生活中的固化"设计"认知。创意设计业脱胎于传统工艺美术，是技术与艺术融合的产物。在行业分工的细化过程中，技术与艺术之间的关系逐渐疏离。工业革命中新材料、新技术的出现，推动了设计表现技能、手段与材料的运用发展。机器大工业生产使人类造物生产活动进入以机械驱动生产力发展的新时期，在实现基本产品功能的基础之上，推崇具有强烈科学技术色彩形成，推崇艺术与技术统一，崇尚机械美学的设计方式、风格，技术与艺术之间的联系比手工业时代变得更为紧密。可以说，设计的创新发展史就是科技发展与艺术相融合的历史，是艺术与科学统合的产物。

在科学、技术、艺术、设计相互转化的关系中，科学是在技术发展基础之上成长而来，艺术作为技术的基本属性，是技术发展的最高形态，两者相互交融，不可分割。设计作为艺术、技术、科学统合的产物，是两者的二元存在，与两者的发展、进步密切相关，通过艺术与科学的整合，将科技成果通过"艺术化"方式展现出来。传统设计认知成长于艺术与工艺美术，而今融合科技、工艺、信息为一体的工业4.0时代，在创意产业商业模式与智能服务体系的科技创新融合驱动下，不单是制造业的革命，更是对生产、生活方式中创新模式、商业模式、服务模式、产业链、价值链的深刻变革。工业视角的转变，生产力发展需求以用户价值需求取代传统技术制造端，传统工业价值链由生产端向消费端、上游向下游转移，成为整个产业链的起点与终点。市场竞争的主体从满足用户可见性需求向发现用户潜在需求转化，向用户价值多样化、定制化需求转化，成为协同优化整个产业链各个环节的内在驱动，创意价值链进一步延伸，为用户进行综合价值的创造。

设计的本质就是创新，设计即创新。在设计创新的过程中，科技创新具有重

[1] 金元浦. 文化创意产业"历史性出场"[J]. 瞭望新闻周刊，2006(40):64.

要的地位与作用。在设计创新与科技创新的融合过程中，设计创新助推科技创新的转化，通过新的科学知识与技术科学的转化过程，探索寻求设计新发现、新规律、新领域。传统创新驱动产业发展，主要由向下市场驱动与向上技术驱动两部分组成，即技术推动与需求推动两种线性模型。由于两者长期缺乏有效的沟通机制，技术与需求脱节，长期处于分离状态。在两者之间，"设计"作为新的创新驱动，通过将技术、市场、需求、产品等整合，带动了新的技术与需求的创新。同时，设计创新的动力源于科技创新成果转化与需求关系的变化，两者的发展为设计创新提供了新手段、新材料、新课题（图7-15）。

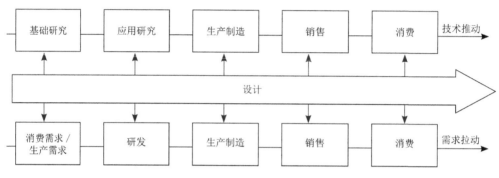

图7-15　设计创新与技术推动、需求拉动的关系

　　处于产业价值链顶端的设计创新与科技创新的融合，对传统产业的发展与转型具有重要的促进作用，基于新材料、新工艺、新技术的科技创新探索，推动各种设计创新形式与内容的理论研究与实践探索，并渗透于新型创意产业中经济、文化、科技等领域，能够很好地将科技创新成果进行价值转换，同时也推动科技新工艺、新材料、新技术研究的完善与成熟，使科技成果更好地服务于生产、生活。在现代设计理念中"少即是多"、功能决定形式等设计创新理念驱动下，极大程度上带动了新材料、新工艺、新结构等技术创新的发展。

　　设计创新是科技创新与社会诸多生产、生活环节相结合的关键因素，通过对目标对象展开广度、深度、多视角的探析，其本质是发现问题、分析问题、解决问题综合性、系统性的创新过程。在设计解决问题过程中，利用科技创新统筹认识、深化研究，直接影响设计、科技融合转化过程与结果。"让现代技术以最为恰当的方式渗透到社会中，通过技术集成创新、广告、市场策划、展示、产品设计等手段，不断调整和校正技术体系的社会行为，以便符合某一时代建立起来的社会文化规范。"[1]设计创新在此过程中，充分整合协调科技创新系统中各子系统、要素、单元之间的生产关系，解决资源、环境、经济、生活之间的矛盾，最终提高效率，满足目的需求，是具有系统整合的创新思维。

新时期，互联网与物联网、新媒体、大数据等在生产、生活中利用互联网信息电子商务平台等科技创新成果，积极探索新时期设计创新的新发展模式与形式内容，设计创新在其中的重要角色与价值不容忽视。可以说，设计创新与科技创新融合作为当下知识经济创新的重要组成部分，是科学与艺术、技术发展的产物。设计创新已成为科技创新、需求创新两种线性模型融合的重要调节机制之一。在新一轮全球化经济浪潮下，通过设计创新与科技创新相互融合，来推动创意产业对传统产业的改造升级。

随着深圳传统产业结构的优化升级，由劳动密集型产业向知识密集型和技术密集型产业演化，设计产业化生态系统产业链、品牌效应、创意设计业市场的无序性、偏离市场需求等问题愈发突出。创意设计业的结构现状面临着转型调整的需求，逐渐由传统设计向综合系统信息设计转型，着力提升设计在产业链中的服务层级，将设计创新与科技创新融合，提升创意设计业竞争力，才能在新的产业结构转型过程中占据一席之地。

在推动文化创意与科技创新融合的大背景下，大力发展高新技术产业与创意产业，作为深圳未来产业健康发展的重要支柱，就必须坚持科技创新与设计创新，以及工业信息化与创意产业发展的有机融合。两者之间的关系不是僵化理性的，而是不断演进融合的，是建设"效益深圳"的关键。正确认识科技创新与设计创新在创意产业中经济价值、文化价值的内在转化能力，以创意产业集聚整合处于分散状态的科技、设计、产业、品牌、管理、知识产权等价值链高端资源，引导整体经济的转变与跨越，加快产业结构的优化升级，以及创意设计业与高新科技产业的结合，实现创意与产业价值融合的增值功能，从而综合提升深圳经济、社会、文化等领域的自主创新竞争力。

---

[1]　何颂飞，张娟.设计创新：科技有效供给与企业有效需求的纽带[J].艺术百家，2011(5):192−194.

第四节 以"设计与管理协同创新融合"提高设计驱动力效率

随着互联网、数字信息技术在创意产业中的应用与提高，设计作为科学、艺术、文化融合的产物，在创意、设计产业化过程中成为新时期创新驱动创意产业发展的重要内容。在新的浪潮下，创意产业、创意设计业、设计管理作为现代新价值经济创造模式中的重要组成部分，与产业活动相互呼应。产业分工的细化、专业化程度逐步提高，各行业通过创新与管理之间的协作、分享机制，为自身价值增效的提升提供了持续性动力，并逐渐渗透于生产、生活的方方面面。设计创新管理面临产业智能化、需求多元化、审美艺术化等新价值经济发展模式的挑战与变革，成为业界、学界研究的重要领域。而今，创意产业发展设计创新与产业链各环节的管理创新融合，是新时期创意设计业适应经济、社会、文化发展的需要，包含资本、知识产权、生产、制造、经营、渠道、贸易等一系列产业价值链经济活动要素，通过设计创新与新价值经济中共享、管理、消费、品牌等的协调融合，进一步提高设计创新在产业中的内涵价值增值效益，设计的社会化价值进一步提升。可以说，当前创意产业中创意设计业态的多元化，以及设计服务路径、模式的转变，很大程度上归功于设计创新与产业价值链逻辑管理的融合。

一、设计创新与消费市场管理的融合

在传统产业链中，一般将创新网络分为设计研发、生产制造、营销渠道三个创新子系统，但设计创新与产业价值链中三个子系统作为一个整体，与其他诸子系统环节长期处于分离的状态，多侧重设计内部领域的研究实践，从专业或学理上阐释设计，而忽略对消费者、市场的研究，对设计创新在创意产业中的发展产生了较大的阻碍。在创意产业中，创意设计业作为产业链的重要一环，与各系统之间联系紧密且目标相一致，设计创新网络以消费者、用户为中心，通过对不同社群或同一社群在不同时间、空间、条件、语境等外部因素下，为确立不同目标系统，利用资源整合、调节管理机制、优化营销渠道体系，而开发出设计创新与消费市场管理相统一的新型"平台+终端+内容+硬件+软件+应用"的立体网络服务系统。设计创新结合新技术演化及标准的制定，与研发环节融合，共同形成新技术、产品的解决方案；设计创新与制造创新的融合，优化程序以控制成本，使设计创新成为可能；设计与营销渠道的融合，通过社会学、艺术学、人类学等价值内涵与方法的诠释，挖掘潜在市场中消费者的内在需求，实现设计创新价值在创意产业中的意义。

在商业消费环境中，设计创新的商品通过交换与流通不仅实现了消费商品的价值与使用价值，而且体现了设计创新的商业价值。经营者通过对竞争对手、内外环境状况的分析，运用投资产业链过程的生产、制造、渠道、销售等机制，实现投资的利润回报与分享。在消费市场中，处于社会市场网络关系、结构中的主体社群消费及设计的社会化属性作为研究对象，使消费需求的内涵进一步深化，创意设计业与业界内外系统网络建立新的联系并获取准确消费需求，成为创意产业中设计创新驱动研究领域的重要内容。设计创新驱动作为企业竞争核心战略之一，不是孤立、片面的，是在对消费者及市场竞争状况趋势研究的基础之上，服从于企业整体性的全局战略考量，是以用户价值为中心，通过设计创新向消费者提供满足多重综合价值需求的产品与服务。消费者根据自身主观判断或喜好，获取所需商品的功能特性，价值需求贯穿于整个交换、流通全过程。通过设计创新管理中前期对消费者行为、市场的研究，以及消费者主观需求价值的感知、体验，对于企业创新政策以及设计创新战略的制定就成为价值创造的源头与关键。消费者体验、参与价值创造研究程度越深入，消费者对产品的满意度就越高。也就是说，用户体验越好，消费价值增效就越高，才能实现真正意义上的价值创造。

在经济全球化浪潮的推动下，消费文化的变迁、后现代消费文化的兴盛，从最初注重以营销为内容，后来加上渠道，现在开始注重技术与内容，使设计业态、电视、广告、互联网等设计机构与传播媒介种类性质上的变化在社会中的全面渗透，改变了传统生产、生活中固有的标准认知与界定，对创意产业中的创意设计业、消费行为研究产生了重大的影响。逐渐模糊了物质功能需求与精神需求之间的观念界限，设计、文化、社会、经济、生产、消费等则被紧密地联系在一起，在市场经济市场规划与策略驱动下，相互之间的协作关系日益复杂化。在消费社会综合理念与实践环境的影响下，消费者的关注重心从产品自身"物"的层面转化为注重以物质功能为基础，以情感化、自我价值实现为特征的新型设计价值需求。借助于大众易于广泛了解、接受、受用的新兴复制技术，以及市场化传播手段，传统设计感性自由创造、精英化服务模式受到了挑战，逐渐向具有层次化、差异化、个性化品质需求的商业化、市场化、产业化发展趋势转变，创造并形成了新时期创意产业中设计价值观及设计需求创新市场。消费主体、需求市场的变化，使设计活动的展开与创意策划、经营销售、流通传播等连锁活动关系越发紧密，创意产业中设计创新活动的管理就变得越发重要。设计创新管理作为设计创新的中心问题，也成为设计创新与产业价值链各环节融合创新管理的研究重心。

在当前网络经济时代，云计算、大数据、3D打印等智能科技创新对传统商业模式带来了巨大的冲击与挑战。数字影像、智能手机等科技的发展让传统胶片巨头柯达，以及诺基亚、摩托罗拉出局；淘宝商城（天猫）"双十一购物狂欢节"×××亿销售额迫使传统产业必须适应用户需求与时代发展，通过创新机制寻求自身产业转型升级。设计的对象不再是有形固化的"物"，而是依托网络信息平台，消费者互动、体验、参与资源整合与协同创新的思维与情感逻辑。创新形成了实体店线下体验，线上参与设计订购的O2O新型消费模式，以及模块化、个性化需求定制的参与性设计模式。例如，利用小米极客、小米社区等，通过网络平台聚集极客与用户评测产品，为小米用户界面、产品设计的创新收集用户研究反馈与宣传，创意设计路径与方法已经有别于传统凭靠设计师个人主观艺术感性思维的臆想。设计的原点及终点源于消费者、市场、企业、社会发展等需求，颠覆了传统产业链中设计研发、生产制造、营销渠道、知识产权等过程，传统产业格局面临着重新洗牌，成为一场有别于能源、制造的全新产业信息、思维革命。

体验经济时代的消费语境，设计创新战略是以用户价值为中心驱动价值链而进行的，设计、创意的社会化需求程度逐步提高。信息传播方式借助科技创新解决消费设计创新需求，促进商品流通与增值，设计在此创新过程中承载的内容越来越多，设计作为综合性系统创新行为，依据用户为中心价值链定位的设计创新战略。在设计创新管理研发前端，主要从社会学、人类学等综合学科角度有计划、有步骤、系统性地开展消费者研究，基于企业自身技术平台、用户、市场等多方需求，结合社会深层次的文化、意识形态属性，利用社群中关系、位置等基本研究趋向，探究社群的行为过程，开展田野记录调查、随机访谈、人类学调研、亲友团体调查、定点调查、参与式调查等研究方法，收集录音、录像、图片、文字等各类信息数据，获取真实的、深层次的认知需求，提升消费用户对产品需求的体验、参与，反馈创意、设计等多方面信息，同时高效、系统性地提供渐进性设计创新改进措施。通过设计思维、技法、转化等在其中的中介变量，有效提高消费者及用户产品综合服务的质量与绩效，根据消费者社群展开民族志学研究，以功能、造型、色彩、形式等为感官沟通，确定价值创新竞争要素，从而制定能够满足用户需求，具有物质与精神多重需求相统一的系统整合设计战略服务。在创意产业中，如何有效统筹管理设计活动的内容、目标与消费市场之间的路径、方法，从社会文化深度中，探索、挖掘消费者潜在的具有前瞻性的、长期的、突破性的需求，成为创意产业发展的重要战略目标之一，对创意设计业的生存与可持续发展具有重要意义。

二、设计创新与管理创新的深度融合

随着社会发展的需要，在面对诸如人口、食物、能源、生态、环境、健康等问题时，依靠传统单一学科领域或大门类学科已不能有效地解决当前问题。创意设计业面对创意产业中纷繁复杂的环境，开始逐步注重行业、领域的跨界协作，跨学科、跨领域的交叉协作融合研究成为未来产业发展的主流趋势。文化产业、经济学、设计学等领域的专家则结合自身研究领域，概括出设计创新管理的重要理论实践内涵，加上著名管理学家孔茨与德鲁克的理论实践研究，为当下设计创新管理融合理论发展奠定了重要的理论基础。

在20世纪初，社会化分工造就设计作为一门独立学科，由艺术、建筑、机械学派生而来。传统设计研究领域多集中在设计技法、方式方法或"两史一论"领域，设计创新主要基于设计师个人的设计能力、主观灵感、灵光乍现层面，但在设计的概念中，"设计是设想、运筹、计划、控制与预算，它以人类为特定目的，借助某种感人形式与载体，在精心处理其整体局部关系的发展过程中，所进行的创造性活动"[1]。作为事物对象本身，不是依靠单一方法、路径来解决问题，问题的解决是统筹多重因素相互作用的结果。我们可以看到，在传统造物活动中，反映了设计创新管理的思想，进一步印证了设计创新与管理创新的理论渊源。20世纪70年代，科技的进步带动了市场资源的丰富，在调和纷繁复杂资源市场与消费需求之间的矛盾时，充分显现出设计的资源整合协调创新能力，设计理论与实践逐渐开始与企业管理理念相结合，系统化的设计创新管理理论与实践逐渐建立起来，成为竞争战略与管理不可或缺的一部分。例如，主张以设计概念与设计管理技术研究为核心竞争力的著名后现代主义设计代表——意大利企业阿莱西（Alessi）。可以说，现代设计的历史就是管理创新的历史。

当前创意设计业与创意产业业界、学界研究重心多围绕自身研究领域，或宏观概念或产业政策研究阶段，缺乏深入设计产业驱动创意产业发展创新机制方式、方法的定性、定量探索研究。当前深圳创意设计业由于普遍缺乏科学有效的管理机制，忽视创意设计业与其他业内外部门的联系，以及在系统产业链中整合、协调资源和开拓市场中设计管理机制的重要驱动力，从宏观到微观层面，长期处于"散养"无序状态，缺乏整体、系统战略考量，设计多以随机、临时抱佛脚的方式在产业价值链中出现且地位不高，设计创新管理复合型人才缺乏，产业价值贡献无法量化，而长期为业界所忽视。

传统企业组织管理具有单一的线性特征，多采用上传下达、自上而下的纵向管理方式，设计与其他部分缺少联系，以技术研发、营销为重心，重金砸广告发展思路，忽视市场定位、消费社群用户研究、设计创新、产业链环节的研究等。

[1] 陈汗青，邵宏，彭自力. 设计管理基础 [M]. 北京：高等教育出版社，2009.

设计创新对企业创新战略性的驱动力未能体现，处于末端美化装饰的被动状态，成为企业组织结构中技术创新部门的附庸，造成严重的弊端及负面作用，陷入市场同质化竞争，导致彻底溃败，出现大量人力、物力的损失。随着西方传统符号学、语言学研究范畴对设计内涵与外延的影响，设计创新逐渐成为社会文化意向符号的诠释者，具有社会文化性特征。设计创新在人、商业、设计之间寻求新的平衡，原有设计感性思维方法结合组织、战略等管理学理论实践，改造设计创新过程的结构与战略，开展定性研究、质化研究、比较研究、案例研究等研究方法，如在情境地图、文化探析、用户观察、用户访谈、问卷调查、焦点小组、思维导图、战略论、趋势分析、功能分析、安索夫矩阵、波特竞争战略等设计过程中探索、发现及创造所需的方法。

当下，创意产业中设计创新以网络平台模式联合为纽带，集合人类学、社会学、统计学等学科参与，统筹整合管理各类创新资源，设计创新管理在此网络构架中就充当了重要的桥梁作用。从中洞察大众生产、生活方式及审美情趣，通过模糊不同行业、领域、文化、意识形态边界，使原本表象上不相干、不兼容的元素相互融合，创造出新设计价值需求。通过设计创新资源管理，聚合驱动跨界协作，有效地提高产业环境适应能力及竞争力，降低风险成本，转化彼此竞争关系为合作关系，完成创新过程及自身的变革。诺基亚将手机和数码照相技术相结合，取代了索尼数码成像技术，成为业内翘楚；阿玛尼与奔驰合作推出的奔驰CLK品牌跨界，形成了新的商业模式创新；等等。当今依托互联网、数字信息技术，通过互联网平台型生态模式，行业间分工逐渐细化，解决了信息不对称、协作等问题，又出现了大量虚拟化组织形态，使各组织、机构之间的跨界成为可能。腾讯旗下微信的出现，更是颠覆了传统通信、社交、购物、支付等模式，使创新无"界"成为可能；乐视由视频转向电视；腾讯、阿里做起了金融；奇虎360更是通过免费杀毒，成功切入互联网市场，以软硬件相互配合，创造出许多虚拟经济与实体经济融合的经典商业模式范例。

在经济全球化背景下，作为创意产业中的创意设计业，设计创新的内涵与外延不断深化与拓展。设计师或设计活动不是自然而然产生的，不再是简单意义上个人灵感思维或天马行空、主观情感偶发性的"艺术化"创作，设计创新活动是需要行之有效的系列创新管理而实现的。设计创新管理作为多学科交叉的复合系统，在生产、生活中起到沟通桥梁的作用，更好地协同产业链系统之间各部类，融汇了感性思维的灵感、直觉，同样包括严谨的社会学、人类学而开展用户研究、服务设计的研究方法，跨界协作带动相关产业联动机制，充分实现设计创新在社会、经济中的价值。创意产业中的设计创新活动及设计师的设计实践，成为整体创新管理的一部分，在创新管理机制原则的指导下，形成以市场、消费者为导向，设计创新策略与传播机制与整个产业链相结合，提高产品附加值及产业竞争力，具有层次化、组织化、集群化、组织化的复合设计创新管理系统，设计创新管理的过程就是信息由抽象到具体、反复迭代的过程，最终满足消费者的需求。

然而在深圳创意产业中，对设计创新与管理之间的认识仍存在一定问题，创意设计业内部缺少跨界意识，产业发展则多侧重于内部营销、渠道、制度管理，忽略设计创新管理对产业链环节的融合研究。如深圳郎图设计公司，以企业型发展思路，目前该机构下辖8个工作室，各工作室设有客户主管、策划、文案、设计等岗位，实行总监负责制，负责内部的监督、考核、汇报、绩效等，总监是团队的核心，是专业、管理的中坚力量。在梳理公司架构与流程管理时，笔者发现，该公司并未找相关管理公司进行咨询、合作，基本出于凭直觉摸索来进行管理，按照传统"目标管理制"方式来对相关领域设计师、设计项目加以绩效评估与监督。现如今，深圳郎图设计公司已开始将统计学应用到公司月考核管理机制中，并划分为财务数字统计、企业文化统计、学术研究交流统计、专业分享统计、客户服务统计、团队成长统计等模块内容，以便考核各团队在公司中的位置，以及在上述方面的发展情况。

随着科技创新的发展，严谨科学的企业化管理制度逐步完善，成为公司高效运转的关键。而设计师作为设计创新的践行开拓者，所有市场调研、用户研究等研究方法得出的信息数据都要由设计师的创意、设计以可视化的形式展现出来，属于设计创新转化过程的重要环节，直接关系到前期调研工作、后期市场与消费中验证设计创意价值实现成败的关键。对设计师及设计活动的管理，已经成为设计创新发展的重要保障，如何使用科学系统化的管理方法管理创新驱动核心主体的设计师，成为设计创新管理的重要研究内容。另外，对设计驱动创新项目的管理，也就是说如何运用设计创新思维与方法，科学协同产品的研发、生产、制造、营销、渠道、消费等环节，也成为设计创新管理的又一个重要问题。

面对市场需求或技术变化，传统企业为满足当下消费者与市场的需求，由于与外部沟通媒介的沟通频率、时机的滞后，往往失去未来潜在新兴市场与需求，陷入不断追求创新的窘境，失去行业领先者的地位，而设计创新管理正是解决上述问题的重要路径与方法。设计创新管理不同于传统意义上的设计活动，增添了产业价值链中生产、营销、流通、渠道、传播、消费、管理等系列内容，具有市场化、商业化、产业化等特点。在设计创新活动过程中，将人、科技、商业、文化、艺术、消费等因素纳入考量体系，运用目标论、方法论、预测理论、决策理论、程序理论和实施理论，对主客观环境评估，规范设计方法与实践。具有系统性、战略性的设计创新活动本身就是充分发挥各模块特质及内容的统筹管理创新，通过设计创新统筹整合资源，注重经济、社会、文化、消费等物质与精神的多重需求，将设计与诸多领域的管理跨界融合、统一起来。

设计创新是需要被管理的，设计创新与设计管理之间的关系密不可分。设计创新主要解决技术功能创新层面的问题，研究各层级整合协调资源，探究产品与消费者之间的社会属性，探究其新的设计语义创新，创造出与社会、经济、文化之间新的商业模式。在这个过程中，不是单一产品"物"的本身，而是推动设计创新综合解决方案应用的过程。设计管理创新借鉴管理学、社会学、人类学、统计学的理论与研究方法，开拓新的创新设计市场，将创意产业中的视觉传达设计、工业设计、建筑环境室内设计、服装设计等创意设计业态，通过对设计策略、开发流程、运营架构、成果转化等管理，充分发挥设计思维在统筹整合资源中的优势，通过设计提升企业产品或服务创新，利用品牌创新战略反哺来规范管理设计创新，最终系统化、组织化、网络化提高创意设计业在创意产业中的质量与综合竞争力，如阿莱西（Alessi）公司新商业模式的开发，通过设计创新开发新产品，小批量投入市场试验，在获得市场消费者成功肯定后，并不是进行规模化量产，而是依靠品牌资产背书，以小批量、高利润长时间获得超额利润的商业创新模式。

　　企业作为创新资源集合的实践主体，设计驱动创新是建立在对新市场基础之上的"破坏式"创新，通过对社会文化属性的重新诠释而定义新的市场，如斯沃琪（Swatch）手表、苹果手机等。设计创新管理在产业链与价值链全过程中，创新设计密集型企业充分调动内部与外部资源，把握社会文化发展趋势，具有整合与协同领导的重要作用，推进应用新技术与新材料的设计研发人员对接企业与社会文化的社会、市场、文化等研究人员，以及整合知识而形成正确设计战略的市场专家、设计师等，通过对技术的重新组合或二次开发转化，实现对创新要素的横向整合，形成具有符号、功能、美学三个维度的企业设计社会文化综合属性，并对其社会化架构进行严格的逻辑梳理，设计创新管理的过程也是将三个维度有效整合的过程，努力将企业自身打造成设计密集型企业。

　　当下面对设计产业分工、发展、产业化的加剧，以设计创新管理为主导的创新发展模式驱动创意产业创新发展且有别于传统创新模式，通过对科技创新与经济、文化元素的组合与运用，从设计的商业市场层面，拓展到社会、经济、文化等更为广阔的社会文化层面，设计创新管理已经成为企业提高产业附加值、获取综合持续竞争力、企业品牌创新的关键性战略工具。设计创新管理融合的研究内容已成为当下创意产业理论实践研究的重点。

　　面对多样化的市场环境与消费者需求，应以人的合理化需求为中心，探索人、物、环境、经济、文化之间的关系。设计创新管理通过设计创新驱动网络与相关资产建立联系，从现代企业管理制度中探索建立完善的设计创新管理体系，寻求新型资源，恰当处理设计师与研发团队的融合，提高在设计过程中质量、成本、软件的应用，以及可制造性设计。与消费者、供应商相结合，获取消费者需求，而产生的设计创意转化能力，以及改变传统生产、生活方式，对资源统筹整合和设计流程的创新管理变革，建立有效的信息整合与分享项目组织机制，促进创意、设计的产生，如对需求、概念、结构、外形、趋势等分析，形成符合消费者、市场、企业等多方需求的可行性设计方案，不断发挥设计在企业创新管理过程中的协同能效作用，最终构建品牌战略管理的发展，成为当下创意产业发展的一个重要研究课题（图7-16）。

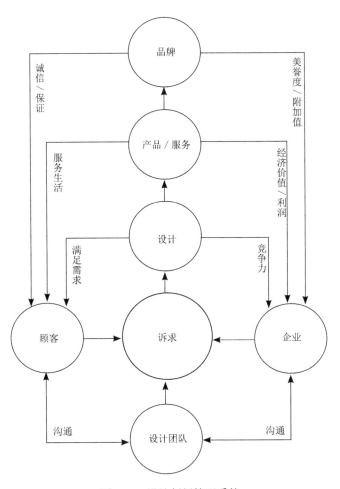

图7-16　设计创新管理系统

第五节　以"设计与品牌协同创新融合"提升设计驱动力价值

继蒸汽技术与电力技术为代表的工业革命之后，以原子能、计算机、生物工程与空间技术为标志的第三次科技革命在全世界范围内对衣、食、住、行、用与思维方式等领域产生了深远的变革。面对激烈的市场竞争，以及外部环境的革新与挑战，从产业经济学角度来看，创意设计业中设计创新的观念、思想、内涵、结构、组织、形式、路径得到进一步深化与拓展。通过对产业链环节中的生产要素、资源的统筹整合与转化，设计创新驱动品牌价值创新发展彰显出设计创新在成本、质量、价格、服务等品牌价值综合内容方面的重要作用，形成较大差异化、较强竞争力，为企业品牌价值创新发展提供了源源不断的竞争力，极大地促进了品牌价值的创新。

设计创新促进品牌价值创新，作为具有战略性的隐形价值资源，成为激烈的市场营销竞争的利器，在产业转型升级与优化结构差异化战略中发挥了显著的作用。在此情况下，将设计创新认知提升至品牌价值创造战略层面，形成具有战略考量的设计创新战略，成为企业品牌价值创新战略发展的关键，体现了企业自身的品牌价值管理创新水平，更是国家综合竞争力的象征。

一、以消费者为核心的设计创新与品牌价值创新

面对纷繁复杂的市场竞争环境，消费者需求成为驱动产业、经济、社会发展的动力之一，对消费者的审视也成为实现产品、商品价值创造的重要标准。在后现代工业消费社会，企业为摆脱由于生产过剩而导致的同质化竞争困境，开始借助设计创新作为企业开展创新战略的重要路径，设计创新产出具有功能性与社会性双重属性是两者统筹整合的统一，尤其是设计创新的社会性，更是对消费者需求概念的深化。随着市场、消费需求的变化而演化出新的社会文化属性，而社会文化的延伸是市场、消费需求变化的根源。设计创新作为应对企业、市场、消费

内外环境、需求转化的接口，能够有效对短期的、长期的、渐进的、突破性市场和消费需求的不确定性做出恰当的调整，提高设计创新与市场、消费的匹配度，使设计创新在挖掘自身有别于其他品牌差异化的过程中形成独有的品牌定位与价值认同。

商品经济社会中，消费需求超越产品种类、质量、数量等物质功能，精神、情感等高层次综合需求成为当下品牌价值战略诉求的重点与主体。基于消费者需求，以及企业内、外系列经营活动所构建的品牌战略活动中，差异化、独有精神文化特质形成的品牌价值创新，成为消费者利益诉求、情感化属性、文化自觉、个性多元化综合价值观的统一，在企业内外达成最广泛的共识，实现了企业、用户、经济、社会、文化等多方共赢。从消费者角度来看，设计创新作为价值需求的"感性"创造过程，分别从功能需求、美学、价值符号三个层面，对技术创新、外部感官设计与消费者多重需求的融合，触发对创新价值感知的创造，决定了消费者对设计创新价值的情感、需求反应。消费者需求的变化带动了设计创新的路径、方法、形式、内容的革新，促进设计创新在企业、消费者在价值创造中的角色演变，以及解决方案评判标准的变化，使企业更多地思考创新中设计创新要素在品牌价值构建过程中的作用与地位。

设计创新形成的设计价值创造，并不是单纯用来辅助销售而作用于消费者需求，而是社会物质财富与精神财富发展创造的统一，是满足并提升消费者功能价值、精神价值、审美价值等多重需求的重要工具，其与经济、社会、文化发展的广度、深度具有紧密的联系。设计价值创造以消费者为中心，与消费者、市场需求相结合，充分发挥设计创新适应需求、创造需求、引导需求的作用与价值，有效地将文化、艺术、市场、产业、经济、社会连接融合，实现设计创新价值，创造"以人为本"的目标与意义。例如，LG以"实用""精致""风格""概念"为核心确立的"一等设计"设计创新准则与目标，有效地实现了LG品牌价值的创新。应充分重视设计创新作为统筹整合资源的重要战略机制，使之成为推动品牌价值创新产生的关键要素，通过设计创新提供给消费者的产品与服务，培养消费者对品牌形象的认知度、美誉度、忠诚度等，有效实现品牌价值创新的提升。

　　设计创新通过对消费者行为、需求的趋势分析，明确目标消费群体，并通过设计创新实现消费者价值，设计创新的目的是为消费者与企业提供差异化、情感化、人性化、人格化、多元化的品牌体验。设计创新需要与企业的品牌战略相一致，结合企业、市场竞争环境的分析，充分挖掘目标消费对象的社群文化需求认知，明确品牌核心价值，并将品牌核心价值作为品牌战略开展一切活动的"宪法"，贯彻指导并运用到企业品牌营销、品牌管理、品牌形象设计、品牌传播等方方面面。品牌核心价值的确立，为设计创新指明了方向。从设计层面来看，秉持以用户需求为原点与终点，与企业策划、销售、研发人员共同制定并实施设计创新的细则与规范，与企业组织推行品牌战略的文化与理念相一致，塑造并规划企业整体品牌形象设计；从价值层面来看，能够有效运用企业内部资源与消费者建立联系，确立品牌识别的沟通方式与渠道，共同提升品牌价值，实现品牌价值更高形式的升华。

　　面对细分市场同质化竞争的加剧，逐步开展市场消费者行为、精神、需求、文化、观念等研究内容的探索，成为充分了解消费者行之有效的方法与手段，是当下品牌价值创新、设计创新的关键。对消费者的研究以消费者为核心的设计创新与品牌价值创新的融合，实现需求、设计、人、环境、管理、营销各要素的完美统一，是当下经济、社会、文化发展的必然，是新时期有效实现消费者个性化、情感化，对品牌精神理念认知度、忠诚度、美誉度等品牌价值创新的动力之源。三星电子通过充分发挥设计创新战略对品牌价值的提升，扭转企业品牌经营理念，深化品牌内涵认知，整合品牌内在价值与外在价值，以设计创新产品与服务为载体，将品牌文化、精神、理念与消费者需求相对接，成为品牌"蓝海战略"成功的重要核心驱动力。

　　以互联网信息数字技术为特征的第三次工业革命，触动了世界范围内各行业的革新，使品牌价值内容、形式不断升华，企业提供的品牌价值与消费者的需求联系愈发紧密，品牌价值创新以消费者为核心，呈现出"人格化""情感化""媒介化"的发展趋势。在传统设计创新过程中，注重感性主观创造源于心理学与社会学的生活形态研究、民族志学研究，一直为业界、学界所忽视。关于两者的研究，最早是在20世纪60年代，大范围应用于营销领域，直至90年代逐渐应用于设计管理，并开展关于消费者的研究，逐渐为设计学界、业界所重视。在体验经济信息社会，由于消费者、组织、外部传播触点分散，在开展设计创新与品牌价值创新伊始，必须从消费者体验研究角度出发，开展针对消费者生活形态的调查研究，探索社会、环境、文化、市场中社群行为、观念、目的，开展生活形态的质化与量化研究，收集、分析、总结、归纳出品牌消费社群对象的认知需求。通过将消费者、企业经营者、管理、营销策略、渠道等有效信息无缝对接，为设计创新、品牌价值创新战略决策的构建、调整，提供有效的客观资料依据。品牌价值创新于消费者已成为具有多重综合的复杂概念，传统的单一竞品已演变为多维度、综合立体的品牌生态概念。

品牌作为消费时代的产物，是属于消费者的。一个好的品牌形象是消费者多重需求的满足，根植于部分消费者内心并获得认可，品牌价值的提升主要通过消费者对品牌外部价值的认知和企业内部构建内在价值两方面。消费者价值与品牌外在价值的综合感知具有紧密的联系，消费者借助设计战略的策略与方法，通过对品牌体验、品牌形象、品牌文化、品牌精神等外在价值的认知，在消费者内心根植并构建形成符合企业精神文化理念与消费者情感化、人性化综合体验的品牌价值认知，是消费者生产、生活中意识形态的外在表征，研究设计创新战略有助于综合提升品牌价值。企业通过生产、营销、运营等制度建设，得到企业内外、消费者对企业文化价值的认可，形成独有的企业品牌认知，而企业文化只是品牌战略的基础，通过品牌文化得到进一步的升华。品牌战略中的文化基因则源于企业文化，企业文化的发展保证了品牌文化的形成、巩固和发展。所以说，品牌价值创新不是企业行为的主观产物，品牌价值的提升是多重组织、关系、因素相互交织作用的结果（图7-17）。

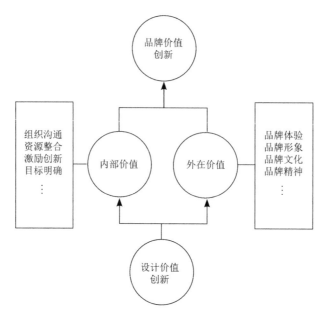

图7-17　设计价值创新与品牌价值创新的关系

提升优秀品牌价值的创新，没有固定统一的模板，但以消费者为核心，已经成为当下品牌核心价值的重点，品牌价值创新物化概念的产品与服务成为品牌的基本功能，而品牌产生的隐形溢价需求成为品牌价值衍生的重要创新内容，在满足消费者需求的基础上，推动了企业整体品牌战略的发展。

在传统品牌价值的塑造过程中，营销、渠道往往是实现品牌价值创新的重要手段，互联网信息数字技术的发展解决了信息不对称、延时性等问题，推动了品牌体验经济时代的到来。设计创新在构建品牌价值的企业战略、文化、精神、产品、服务、生活、价值等方面有着重要的贡献，成为构建企业品牌价值创新的重要工具。同时，在品牌战略指导下，品牌价值创新借助设计创新完成技术创新成果的转化，实现了消费者个性化、多元化、定制化需求体验，推动了行业间跨平台协作，创造出以消费者为核心、以技术创新为工具的多重品牌价值体验，实现品牌创新发展与生产、生活的同步，成为未来品牌价值创新的重要特质之一，如Adobe利用云连接与定位技术，实现旗下Experience Manager Screens和Adobe Target平台与消费者决策过程相融合的个人服务。

设计创新战略提升品牌价值不是单一局限于标志、包装等视觉识别图形形象，更不是孤立的风格、概念、形式，而是在消费者需求基础之上，处于企业品牌价值创新的核心位置，成为一种新的创新驱动力，实现企业、社会、经济、文化、消费需求等的无缝对接，创造出物质性、精神性、审美性等多重需求层级的产品与服务，形成品牌价值知名度、美誉度、忠诚度、高溢价能力的综合产物，提高设计创新活动对企业品牌价值的社会价值增值能力。

二、设计创新与品牌价值创新的辩证关系

在当前提出由"中国制造"向"中国创造"转变的产业发展大背景下，以苹果为代表的OSM（original standardization manufacture）品牌战略创新发展模式，与富士康为代表的OEM商业发展模式形成了鲜明的对比。深圳为实现产业突围，走出低层次OEM（original equipment manufacture）、ODM（original design manufacture）发展的"红海"，向OBM（original brand manufacture）、OSM"蓝海"发展战略转变。那么，设计创新驱动品牌价值创新，则是未来深圳产业优化转型最具建设性的重要路径之一。我们在这里谈到的设计创新，并不是狭隘的设计方法、形式的创新，抑或设计具体产品服务的价值，而是以综合多学科、多视角、多层面综合考量，通过设计创新统筹整合企业、市场、用户内部与外部信息资源，发挥合理化配置的重要作用，与产业价值链各环节相融合，实现技术创新转化、产业升级，多方搭建平台发展模式，为品牌价值创新提供一种全新视角。同时，我们也不能盲目夸大设计在提升产业发展中的作用，目前，设计创新的产业基础与公众认识较为薄弱，单纯依靠狭义上的设计实现中国制造的升级，上行空间非常有限。

随着时代的发展，市场、消费环境的变化，品牌价值创新的内涵认知也在不断拓展与深化，是不断推进演化的过程。20世纪50年代，由罗瑟·瑞夫斯创立的独特销售主张或"独特的卖点"即USP（unique selling proposition）理论，以及后来产生的具备特有性、价值性、长期性、认知性的企业品牌统一化识别系统（corporate identity system, CIS）。在60年代，大卫·奥格威提出了品牌形象理论，认为消费者购买的不止是产品，还购买承诺物质和心理的利益，在此策略理论影响下，出现了大量优秀的、成功的广告。此时对品牌形象的认知，多以感官

广告营销的方式呈现。在70年代，艾·里斯与杰克·特劳特依据市场定位、价格定位、地理定位、人群定位、渠道定位、形象定位等品牌定位维度，提出了品牌定位理论。在80年代，消费者诉求重心注重品牌认知需求的差异化，强调品牌个性化、人格化促进品牌形象的塑造来吸引特定人群，产生了品牌个性理论，这在一定程度上使品牌价值创新中的设计仍停留在个性化的造型、美观认知层面。在90年代，对品牌与营销理论产生重大影响的唐·舒尔茨、斯坦利·田纳本、罗伯特·劳特朋，出版了著名的IMC（Integrated Marketing Communications）论著《整合营销传播》，系统地提出IMC的核心思想，将与企业进行市场营销所有相关的传播活动，如广告、促销、公关、直销、设计、包装、媒介等一切传播活动，以统一一元化的形式传递给消费者，即营销传播的一元化策略。

2000年以来，品牌传播形式变得更加多元，以消费者为中心、体验经济、服务设计、用户研究等成为品牌价值创新的重要内容，从产品、企业、人、符号等层面定义出发，依据品牌核心价值，定义有别于竞争者并能打动消费者的品牌联想。但在企业建立品牌形象的过程中，仍旧存在将企业形象等同于品牌形象的错误认知。企业形象属于企业自身身份识别，以及自我价值的认同，属于企业经营者范畴；而品牌形象是企业与消费者、社会、环境等密切联系的立体综合表现，最终形成对企业品牌价值的认知与判断。企业形象属于品牌形象范畴，而消费者对于品牌识别中的产品、概念、文化、精神、故事等，逐渐内化为对品牌形象战略的综合认知，确立了企业品牌形象战略中的视觉传播、品牌文化、媒介公关、品牌识别等重要内容，从而成为品牌形象战略的重要资产（表7-1）。

表7-1　品牌价值创新与设计创新发展历程

主体	时间	用户需求升级	品牌战略重点	设计作用
产品形象	20世纪50—60年代	产品	感官广告营销	形式辅助
	20世纪70年代	产品	品牌定位	视觉／装饰
	20世纪80年代	产品	品牌个性／识别	风格／装饰
消费者形象	20世纪90年代	服务	品牌整合营销	创新设计
	2000年以来	体验	品牌形象战略	系统设计战略

面对消费者需求认知，品牌价值创新作为企业品牌战略的核心资产，与设计创新有着密切的联系，设计创新直接或间接参与品牌价值创新过程，是实现品

牌价值创新战略的重要条件。品牌价值创新机制的构建不是停留在标志、包装、产品等视觉形象层面，而是依据产品形象、使用者形象、企业赋予形象意义、企业形象等四种附属形象构成，分别从功能、精神、审美融合品牌认知度、品牌忠诚度、品牌美誉度、品牌联想等方面综合品牌价值感知。品牌价值创造作为企业战略的核心，其核心内容是统筹整合，企业资源、技术、生产、经营、人力、管理、销售、推广都要绝对服从于品牌价值创新战略。同样地，设计创新管理活动也应遵循企业品牌战略，每一次设计创新通过资源的调配整合而开展的设计、营销、公关、推广等活动，都要与企业品牌价值目标保持高度一致，为企业品牌价值增值，持续提升企业的品牌综合竞争力。

消费者对品牌价值的感知，往往是通过产品、服务由外向内的认知，而提供消费者可感知的物性价值综合服务，是设计创新的重要属性之一，设计创新成为推动品牌价值创新的内在核心驱动。设计创新分别从物质、精神、审美三个层面决定了消费者对品牌价值的感知理解，成为拓展市场、刺激消费的主导因素，决定了消费者对品牌提供产品服务的使用方式、价值、消费态度等内容。例如，苹果公司从推出利用创新材料，设计出半透明的"软糖"iMac G3，以及后续的iPod、iPhone、iPad系列产品开始，成为标新立异设计创新的业内标杆，成为消费者、市场、企业追逐的创新品牌，并于每年6月举办创新设计年会，其中出现的各种创新观点及设计概念，业已成为未来设计趋势的风向标。又如，意大利ALESSI公司通过网罗全球优秀设计资源，组建创新设计团队，为品牌价值的创新提供了源源不断的设计创新资源，其成功的运营商业发展模式也成为设计创新推动产业中品牌价值创新的典范。

设计创新是基于市场竞争环境，根据品牌价值战略规划，而产生的综合性平台创新系统，为实现可持续发展而进行的设计创新整合战略规划。不是一般意义上商业环境中的设计、传播、策划等应用领域的设计创新，而是通过设计创新体现品牌价值创新的内涵与原则，制订设计创新战略的计划与方案，充分整合、调配、规划组织架构、子系统单元要素及人力、物力等生产资料因素，确保品牌价值创造系统各环节的沟通与协作，是综合产品与服务、商业模式系统构建的设计创新规划机制。设计创新对设计领域的作用不言而喻，但设计创新活动的展开需要相应财务、技术、营销等工作的协调，需要制定明确、稳定的策略方针，保证设计创新活动在品牌价值创新活动范围内保持品牌战略特性。同时，设计创新作为品牌价值创造活动的战略方针指南，与品牌价值创造活动其他环节保持紧密的联系。设计创新作为品牌价值创新中的重要资源与属性，其品牌价值的重要内容是开展设计创新的理念与准则（图7-18）。

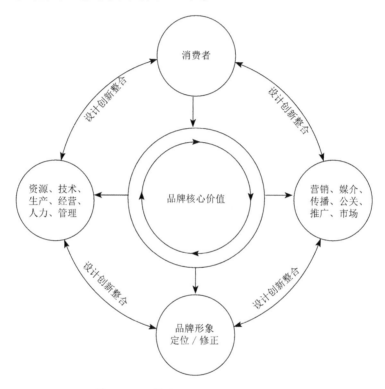

图7-18 品牌价值战略系统与设计创新

品牌价值创新下的设计创新，是以品牌核心价值为基础的延展系统设计思维。从平面、立体、空间、营销、传播等多维度层面，厘清设计创新与品牌价值创新之间的辩证关系，以消费者社群研究为原点与终点，统筹调配资源，建立适合自身品牌价值的核心与诉求，塑造品牌形象系统的核心价值。在延展的设计创新、营销、传播战略与实践过程中，不断强化核心价值，建设有效的品牌形象战略。实现全方位品牌形象系统设计与品牌核心价值的一致性，品牌核心价值能够有效保障设计创新符合品牌价值创新战略基准，是实现企业统一、可持续的品牌形象战略框架与设计创新准则。在品牌价值统筹整合下，通过设计创新转化为品牌价值创新的内在利润，成为企业的重要资产内容，充分发挥设计创新管理与策略，满足消费需求，推动品牌资源统筹整合、商业模式创新、产品与服务系统设计创新相融合的设计战略，实现品牌战略下消费者价值的全方位、多角度设计策略，体现设计创新价值，成为企业产品与服务的重要基准线。在品牌战略架构下实现设计创新与品牌价值创新的融合，才能实现真正意义上的品牌价值创新。

设计创新属于品牌价值创新战略中的子系统概念，主要包括设计资源整合、设计策略与政策制定等内容，在品牌价值创新战略中有极强的渗透力与影响力，具有灵活性与开放性，直接影响设计创新活动的内涵与外延。品牌价值的创新战略的发展，与设计创新战略的发展密不可分，设计创新源于品牌价值创新战略，为品牌战略服务，设计创新形成的设计风格、策略直接影响消费者对品牌价值的感知，对品牌战略建设具有重要作用。品牌价值创新以产品与服务为物化载体，基于整体品牌战略下的设计创新系统，保证品牌价值创新的系统性与整体性，构建高效的品牌延伸，品牌价值创新通过设计创新反映高附加价值特性。要提升品牌价值创新战略，满足消费者物质功能、情感、审美的价值需求，充分权衡小到竞争对手、消费者等微观要素，大到市场、经济环境、文化习俗等宏观要素，构建高效的设计创新战略机制，保持品牌价值创造的专有属性，促进品牌优势的可持续发展。

品牌价值创新的品牌识别与设计创新中的设计识别是辩证统一的。品牌识别主要包括企业品牌战略架构中的产品设计识别、品牌定位、品牌视觉形象识别、营销传播媒介识别与规划等内容。在激烈的竞争市场环境中，设计识别作为设计创新中的显性特征，以视觉、听觉等感官认知的方式来体现企业品牌价值的综合认知，实现产品与服务、体验的差异化品牌战略，充分满足消费者价值需求，提高消费者对品牌价值的认知度、忠诚度、美誉度，保证企业品牌价值认知的绝对整体性、一致性与相对稳定性，并最终实现品牌价值的增值效能。

在互联网、数字信息技术时代，工业化与信息化进程相互演化融合的过程中，设计创新成为推动品牌价值创新中新技术、新产业、新业态、新模式发展的重要驱动核心要素。"设计是唯一能将技术、人因和造型规范整合为产品、服务或企划的过程。"[1]早期CIS的导入，使设计识别在产品与服务中承担了重要的角色，业界一度认为品牌形象就是通过广告、营销打造美的形象，这也导致长期以来设计创新在品牌价值创新中的作用，仅仅是充当外在美化与广告营销传播的辅助工具，而忽略了设计创新在品牌价值创新宏观层面逻辑结构梳理中的重要作用与意义。产品之间技术功能差异性的缩小，围绕产品与服务，消费者有了更高的需求，在消费者、企业、市场、环境等要素之间，提出品牌价值核心竞争力的更高要求，形成"品质、品位、品相、品德"四品一体[2]的品牌形象识别系统战略。品牌形象识别系统作为综合的、整体的、立体的战略考量，消费者对品牌形象的认知不是简单视觉层面的判断，消费者对品牌形象的认知是物质性（产品与服务）、精神性（文化）、审美性（内外形象）价值诉求"品牌形象识别系统"的综合统一。应扭转传统孤立、抽象、只注重单一产品形象创新设计的思维定式，更不能为了"设计而设计""创新而创新"。妄图通过浅层次视觉识别系统设计就能建立企业品牌形象识别系统战略，这只是"设计"的一厢情愿，失去了品牌核心价值的设计创新，只能是虚无的空中楼阁。

三、设计创新驱动品牌价值升级

深圳市委三届十一次全体（扩大）会议首次提出，将文化创意产业与深圳高新技术、物流、金融三大产业一起确立为深圳第四大支柱产业，成为共同构建和谐深圳、效益深圳的支柱产业，使创意产业在短时间内得到了迅猛发展。开始扭转深圳历史上承接国内外或港澳台地区的产业转移，依靠出卖劳动力、土地、材料等生产资料，而形成的"三来一补"低附加值、高能耗的下游加工制造产业格局。在深圳产业发展中，由于长期急功近利的高成本、低层次同质化竞争，忽视

---

[1] Clipson C. Design as a business strategy [M]//Oakley M. Design Management: a Handbook of Issues and Methods. Basil Blackwell: Oxford,1990: 104.
[2] 引自清华大学美术学院博士生导师黄维教授的观点。

了核心技术自主知识产权与加工制造之间的关联性，或过分注重技术驱动更多、更快地加工生产，缩短产品转化为商品的周期，满足消费者的功能需求的短视行为，而忽视了更高层次品牌价值创造的精神性、文化性、情感性、审美性需求，最终未能有效地提升深圳产业品牌价值的综合竞争力。

回顾深圳产业发展之路，我们可以看到，自改革开放以来，产业发展经历了工业革命以前的传统手工业时代，以及工业革命后以生产（1980—1994年）与营销（1995—2002年）为重心的两个阶段。早期依靠"来料加工""来样加工""来件装配""补偿贸易"而进行原始积累的加工制造企业，彼时正处于原始资料"量"的积累阶段，消费市场的需求多停留在供不应求的低层次基础产品，进而极为重视成本、广告、营销、渠道等建设。在产业的发展过程中，由于设计创新管理与品牌价值意识淡漠，设计只是被定义为产业链的最后环节——外在造型的美化装饰，而对品牌的认知仅限于行业、种类的区分上，消费者需求的重视研究根本无从谈起。在OEM向ODM、OBM转型过程中，设计创新作为助推、构建品牌价值创新战略的重要工具，传统加工制造借助设计创新升级，实现品牌价值创新、商业模式创新的重塑，提升品牌价值综合竞争力，实现深圳自主品牌突围，逐步走向具有设计驱动型、创新型、文化型、集约型、效益型、生态型的发展道路，成为当下摆在业界、学界面前亟待解决的重要研究议题。

随着市场化程度的提高，产品功能、成本的差异性也越来越小，同质化竞争日益激烈，导致自身竞品竞争力低下。美国学者、"竞争战略之父"迈克尔·波特于1980年在其出版的《竞争战略》一书中提出经济发展过程中卓有成效的三种竞争战略理论——总成本领先战略、差别化战略和专一化战略。[1]波特竞争战略管理理论是研究企业在竞争环境中的竞争行为及其走向成功的基本方法与结构性知识框架。一方面，由于消费者对产品服务需求的品牌消费意识逐步提升，企业开始通过投入巨额资金，开展广告战与价格战拼杀，以谋求生存与发展。"品牌的概念并非仅涵盖产品，更超过了产品本身的意义，因此营销人员无不使尽权利，运用各种品牌策略来将品牌深植于人们的心中。"[2]另一方面，传统企业过

[1] 迈克尔·波特.竞争战略[M]陈小悦，译.北京：华夏出版社，1997:38.
[2] 徐海生.设计策略提升品牌价值品牌企业设计策略比较研究[D].北京：清华大学，2004.

161

分注重一般制造技术驱动产业的改进发展，而忽略了对消费市场中消费者的研究、设计创新与品牌价值的培养，导致原创核心设计创新缺失。虽然国内一些企业率先导入CIS战略，但只是停留在冠之以单纯视觉层面的"CIS"战略，设计专利创新意识不强，相互之间抄袭模仿，以至于深圳落得"山寨之都"的称号。

新时期，设计创新管理活动的统筹整合作用的导入与实施，推动设计创新与品牌价值创新的融合，被提升至品牌战略发展层面，极大程度上提升了品牌价值的创新与综合竞争力。设计创新作为提高综合效益的显性驱动因素，属于创新价值链系统范畴，存在于需求、设计、生产、使用、消费等诸多环节。设计创新作为技术、研发、制造、市场、营销等任务中的一个重要连接环节，能够带动产业系统价值链的各环节，拓展企业提供产品与服务空间，有效接收并转化市场与消费需求信息，在产业发展中扮演重要的品牌价值诠释者角色，除产品价值之外的设计创新、品牌意识等附加价值被唤醒起来，设计创新调整企业品牌战略发展的重要作用逐步为人所重视。从实现企业差异化、专一化竞争战略层面来看，设计创新主要以消费者需求为导向，通过创新企业设计价值核心，实现设计创新价值的增值，为特定目标消费市场提供差异化产品，创造用户价值及产品服务的创新，如苹果、IBM等众多成功实现品牌价值创造的背后，都与实行系统化的设计创新管理密不可分。

设计创新战略以技术设计、工程设计、艺术设计等为主要内容，面对市场、消费者需求，设计创新管理能够带来有形、无形多重价值，通过产品、服务与消费者建立起情感化联系，具有多维度、多层次的交叉性设计实践活动，分别解决目标对象功能、结构、关系、审美、人性化、情感化等问题，属于企业品牌价值创新的核心战略之一。当出现新材料、新技术转化应用时，形成以设计创新为主线，与产业价值链各环节过程相融合，满足消费者差异化价值需求，构建消费者、市场调研、策划、宣传、服务等内容，快速实现设计创新成果转化高附加值特性，提升生产效率与生活品质，提高消费者的品牌认知度、忠诚度、美誉度，为企业创造出品牌价值增效提供重要动力，实现产业、经济、文化、社会的可持续发展。我们从三星、LG品牌发展历程中可以看到，企业品牌的崛起见证了设计创新对品牌价值创造的重要性。可以说，没有设计创新助推品牌，就无法在当今激烈的市场环境中获得有效的综合竞争力。

就深圳而言，先进制造将成为未来产业发展的重要引擎，借助设计创新与制造业的融合，建立适应市场、需求的快速反应机制，成为技术创新成果转化的必要条件，直接影响生产制造过程的效率与质量提高，对产业系统价值链的提升与品牌价值的升级都有着举足轻重的作用。深圳在由OEM向ODM或OBM战略转型过程中，传统科技主导形成的产品功能需求应注重结合设计创新、品牌价值创新的融合转化，转变传统经济产业增长方式，努力提升产业价值，充分利用设计创新、科技创新优化产业结构，以信息化为发展手段，以自主技术创新为动力，注重产业内外创新机制的形成，以提高产业发展的质量与效益为目标，推动传统单向度注重以加工制造"薄利多销"的发展模式，向围绕"以人为本"为核心的设计、研发、生产、营销、渠道、服务、品牌等综合、复合型品牌价值创新路径转化。

四、设计创新管理与品牌战略管理的融合

"战略"一词源于古希腊语"strategos"，最早是军事方面的概念，多指指挥作战的谋略。而战略在现代设计中的应用，多是企业根据自身企业定位、市场化运作需求，通过设计创新提高研发能力，开拓市场，增强市场竞争力，对设计活动展开长期综合化、系统化的谋略与规划。作为整合设计创新资源的设计战略管理，设计创新带来的效益增值成为与消费者之间的桥梁，渗透于企业战略管理的方方面面，培养企业自身品牌战略独有的设计创新文化，为企业进行战略决策、投资、开发，以及强化品牌知名度、美誉度、忠诚度、溢价等，避免同质化低价竞争等方面的重要考量。随着市场化竞争程度的提高，各行业市场份额占有率逐渐相对饱和，对设计创新管理与品牌战略管理的融合需求愈发迫切，设计创新管理活动的展开及企业品牌战略管理规划机制，面临着新的调整与重构。基于品牌战略管理理念，建立集设计开发、营销策划的综合设计战略管理机制，使设计创新管理更好地融入总体品牌战略管理中。

在2010年南非世界杯举办期间，由中国浙江宁海邬奕君根据非洲的一种乐器设计出的"呜呜祖拉"（图7-19），在短时间内创造了产值2000万美元左右的世

界杯商业神话，由于缺乏成熟完善的品牌战略系统管理，最终造成在中国出厂价仅0.3美元，在南非的售价却高达60南非兰特（约54元）。[1]如此窘境，让我们深切体会到，设计创新管理与品牌战略管理相融合的发展模式，将成为深圳未来企业发展的重要驱动力。

图7-19　呜呜祖拉

设计创新管理作为工业时代发展的产物，诞生于20世纪初，意大利Olivetti、伦敦地铁公司通过战略性的设计创新管理，实现了企业价值的增值，形成了现代企业CI（corporate identity）的雏形。其中重要的践行者——德国现代主义设计的重要奠基人之一彼得·贝伦斯，在1907年受聘于德国AEG，并成为该公司的设计顾问，使AEG公司成为世界上第一家聘用设计师来监管公司的运营发展的公司。通过对AEG整体产品与形象方面的设计创新管理，如厂房、住宅、产品、广告等，推进批量化、标准化部件，形成产品多样化的可能性思路，奠定了德国现代设计的基础。例如，以标准化零件为基础的电水壶设计，可以组合出80多种电水壶，极大程度上降低了生产成本，形成具有明确特征的统一设计风格。贝伦斯通过对设计、生产的有效管理，使庞大而繁杂的AEG企业展现出标准化、系统化的完整企业形象成为早期企业形象设计管理的典范。同样，早期台湾地区以劳动密集型加工制造为主要产业，产品被认为是质次价平的货品，而今设计管理成为台湾企业品牌战略管理的重要核心之一，使台湾地区成为全球著名模具开发及电子产品的重要产地。可见，设计创新管理是推动产业升级优化、品牌战略形成的重要驱动力。

品牌作为企业重要的战略管理手段，通过差异化品牌识别战略，建立符合用户、企业、市场需求的目标、方向、原则、策略等，从中凝练出品牌核心价值，并视之为企业品牌"宪法"，统领并建立规范的设计创新管理品牌识别系统，构

---

[1]　资料来源：中国新闻网《闯进世界杯的"中国制造"在生存困境中寻出路》一文。

建品牌战略模型。星巴克市场营销副总裁斯科特·贝伯瑞认为"品牌就是企业的中心组织规则"[1]，并最终确立具有较强品牌核心竞争力的企业发展战略。所有设计创新管理都需要通过品牌战略来做好设计创新与品牌战略的管理与维护。被誉为"品牌资产鼻祖"的大卫·艾克说："具有高价值的品牌可以使市场营销程序更有效率和效果，能够带来高水平品牌忠诚度、溢价，更成功的新产品、更大的贸易杠杆作用，总的来说，就是带来更强的竞争优势。"[2]

随着互联网与大数据数字信息技术的广泛应用，数字化管理促进传统经济发展模式向新价值经济发展模式转变，为设计创新与品牌管理融合开拓了新的发展空间。在传统有形资产利用与控制的同时，向具有高附加值的无形资产逐步转移，传统单一产品服务模式向综合化、系统化、个性化、多样化新价值经济模式转换，对数据资产的管理成为投资、新型商业模式等公司的重要基石。例如，小米从2010年诞生以来，没有一间实体工厂，依靠互联网思维对产品设计和营销方式的设计创新管理创造出巨大的新价值经济，宣告中国纯粹"世界工厂"属性的终结，成为第一家通过创新方式而成为设计管理及服务创新的品牌创新典范。

设计创新管理与品牌战略管理是彼此融合，但又相互制约的矛盾体。基于设计资源整合的设计创新管理不是独立存在的，而是品牌总体战略的重要组成部分，渗透于企业管理的各个方面。基于品牌战略管理的设计创新，能够系统性、综合性地贯彻企业品牌战略，协调整合企业与消费者之间的关系，最大限度地满足消费者需求，实现企业的可持续发展。同时，设计创新管理也进一步强化了品牌战略管理中的品牌识别特征，结合科技创新成果转化，密切联系消费者，打造优质长效的服务平台，有效地避免了低价同质化竞争。丹尼尔·平克在《全新思维》一书中谈到设计创新管理对于商业价值的驱动作用时，运用伦敦研究机构的研究结果再次证明：设计投入每增加1%，销售收入和利润就平均增长3%~4%。2008年亚洲金融危机对中小企业造成的重创，显示出设计创新管理对企业品牌生存发展的关键作用，企业品牌商业价值创新与设计价值创新管理融合重塑了产业

[1] 邱松.创新与管理：基于品牌战略的创新设计 [J].装饰，2014(4):27-31.
[2] 邱松.基于新价值经济的创新设计与品牌战略研究 [C].设计管理创领未来:2011清华 -DMI 国际设计管理大会论文集（中文部分），2011.

链与价值链，实现了商业模式的创新，增强了企业品牌差异化的市场竞争力，降低了营销成本，满足了消费者的价值需求。

服从并服务于品牌战略的设计创新管理，当品牌战略管理出现新的调整时，设计创新管理随之进行修正，而品牌战略的革新、变化、调整、实现也是设计创新管理发展的结果。在实际设计创新管理中，主要包括实务性设计管理与战略性设计管理两个层面，具有操作性的设计管理战术实务层面，包括内部与外部设计机构、组织，以及产品识别、色彩规划等实际设计项目管理；战略性设计策略管理层面，设计创新管理作为企业品牌战略的重要组成部分，体现出设计管理的战略性、设计管理的消费驱动性、设计管理的核心组织性，驱动品牌战略管理发展，贯穿于公司整体品牌战略，如形象识别、设计策略管理的规划与指导全过程。

在一段时期内，CIS创新设计的导入对企业品牌认知与形象识别在一定程度上有所提高。随着消费者对品牌认知需求标准的提高，由于缺乏成熟完善的设计创新管理与品牌管理战略融合机制，CIS实际能效被无限放大，被认为是企业品牌的制胜法宝，妄图通过一套视觉设计就能让企业起死回生，对品牌战略管理下的设计创新的粗浅认知造成了很大的误导，大量表面肤浅的视觉设计并未从根本上确立企业品牌战略。对CIS设计创新的误读，也造成当下企业品牌形象设计创新发展的认知实践困境。我们从中可以明确看出，CIS设计创新如果不参与企业品牌战略管理，结合市场、消费者调研的信息数据，参与研发设计、营销、策划品牌战略规划的全方位设计战略系统整合过程，只做表面视觉设计，最终设计只会走入死胡同。

互联网信息数字技术的迅猛发展，传统经济模式更迭速度与深度逐步增强，传统依靠标准化、规模化量产的加工制造业，逐渐被以高效益、差异化、网络化为特征的信息技术为基础的新价值经济取代。传统经济模式主要依靠广告打造品牌形象，注重技术、营销、渠道而促进交易、业绩、效益的产生，而新时期价值经济主要以消费者为中心，借助互联网平台信息技术，在特定用户社群中快速形成口碑传播，拓展内在品牌价值，规划品牌延伸战略，实现用户、社会、企业、文化等多方价值共赢，逐渐形成"品质""品位""品相""品德"四品一体的新型品牌战略管理发展模式。这就需要企业、设计机构、设计研究，继续丰富已有理念与策略，转移以产品、服务为主导模式的传统设计重心，促进品牌战略中有形资产与无形资产的转化，发挥品牌战略管理中设计创新管理的潜能，走以设计管理创新与品牌战略管理融合为主导的创新发展模式道路。在设计创新管理的基础上，实现品牌战略管理，两者不是相互排斥的，而是以共生方式而存在的。

建立以设计创新管理战略为核心的品牌战略管理系统，局部推进、全线调整，有效地将设计创新管理与品牌系统架构中各子单元系统相结合，包括消费者研究、市场竞争战略（波特竞争战略）、波特五力模型等综合分析与研究系统，及时修正品牌整体形象战略的定位、整合系统，使企业每一次营销策略、新品设计、形象更新都是做品牌战略管理的加法，使品牌战略系统中的每个构成元素通过设计创新管理带动整体企业运作管理的提高，形成综合立体效应，推动品牌总体战略规划管理的优化与提高，全面提升设计创新管理效率。例如，苹果公司通过以设计创新管理为主导，依托传统产业，构筑软硬件、平台模式迅速成为创新模式的代言人，通过Mac集聚了一批"果粉"，而后又通过iPod推出iTunes，以及iPhone推出App Store平台，并最终促成iPad的热销，以及在此基础上iCloud免费服务平台的推出，苹果公司的巨大成功也成为卓越设计创新管理与品牌战略管理融合的典范。

新时期，设计创新、生产研发、品牌形象、媒介大数据已成为当下知识资本的重要内容。设计创新作为品牌战略管理的重要核心内容，实施科学的、可持续的设计创新内容、管理与路径，是市场竞争、消费需求的结果。提高社会、企业、产业设计创新，推动品牌价值创新的认识与重要作用，促进设计创新管理与品牌价值创新融合，保证企业在激烈的市场竞争过程中，提高品牌形象提供产品与服务的认知度、美誉度、忠诚度、品牌价值溢价能力，成为品牌战略发展的基本要素与必要条件，也是企业获得生存与可持续发展的重要因素。

第六节　以"互联网+"与设计创新融合促进设计驱动产业发展模式创新

随着以用户创新、大众创新、开放创新、协同创新为特点的知识创新2.0时代的到来，经济转型升级方式由生产要素向创新驱动转型，传统的生产、生活方式受到了巨大冲击。在2015年两会期间，国务院政府工作报告首次将"互联网+"提至新高度，推动云计算、大数据、移动互联网、物联网与传统农业、工业、金融、教育等传统产业的融合。可以说，"互联网+"是新时期创新驱动发展的结果与重要组成部分，成为经济发展的"新引擎"。当下互联网信息数字时代，由于缺乏设计与产业融合的思维，对互联网平台的作用及生态模式认识不深刻，一些创意产业企业只是简单沿袭与互联网相加开展商业模式探索，互联网只是作为一种新型的营销方式与传播渠道，并未深层次理解设计研发、生产、营销、传播、渠道等贯穿融合于产业链的互联网思维。

一、"互联网+"对生产、生活的影响与特征

工业时代向信息时代迈进，使信息传播的速度、方式、规模、效能，以及产业结构进一步得到优化调整，生产、生活与社交情境发生了巨大的变化。云计算、物联网、大数据等信息技术与创新2.0协同发展，与传统行业的融合共同推动基于"互联网+"产业新形态发展，互联网信息技术像阳光、空气和水等必需品一样，已经逐渐渗透到生产、生活中的每个角落，改变了产业中的交易场所，拓展了交易时间，丰富了交易品类，加快了交易速度，减少了中间环节。[1]在传统商业模式中，"二八定律""渠道为王"被打破，通过数字虚拟平台有效地降低了展示成本、渠道成本等，呈现出扁平化、多元化的势态，重新定义了科技、社交、媒介、消费等领域的商业模式，颠覆了传统商场、购物、实体书店等运营生存模式，触发了互联网"蝴蝶效应"，构成了对商业地产、金融、产业等的威

---

[1]　李海舰，田跃新，李文杰．互联网思维与传统企业再造[J]．中国工业经济，2014(10):135-146.

胁与挑战。微信、微博、QQ等改变了电话、短信传统社交通信的定义；淘宝、京东、当当、亚马逊等电子商务平台，改变了零售业购物、消费的定义；百度、谷歌等搜索引擎，重新定义了信息检索的方式；"互联网+"自媒体对传统传媒业也造成了巨大冲击，传统纸媒、官媒代表的新闻功能被解构，出现了以今日头条、UC为代表的个性化定制新闻客户端，重新定义了新闻阅读习惯。自媒体传播方式呈现出全新的信息传播范式，传统一家独霸天下"广播式""教育式"的传播地位逐渐被互联网信息时代个人化自媒体传播方式所撼动。

工业时代以企业为主导的供给需求，逐渐被以用户需求为导向的互联网商业模式与价值创造替代，对传统商业模式中的人流、物流、资金流、信息流产生了颠覆性的改变，行业之间的壁垒被打破，达到了提高效率、降低成本、多方共赢的目的。工业时代经验主义面对新形势也显得苍白无力，诺基亚、摩托罗拉、索尼等电子巨头也难逃被兼并、淘汰的厄运，而苹果、百度、小米等新兴的互联网公司独占鳌头，成为互联网时代的领军者。

马化腾提出，互联网加一个传统行业，意味着什么呢？其实是代表了一种能力，或者一种外在资源和环境，是对这个行业的一种提升。"互联网+"作为传统行业改造升级的工具与载体，其重心与关键在"+"，并不是一般认识意义上，将互联网嫁接到传统产业之上，农业、工业、金融、交通、医疗、教育与"互联网"的"机械叠加"。其更深层内涵是利用"+"对传统行业资源、构成、策略等进行高效优化改造、统合综效、整合协同创新，具有颠覆性的思维模式。但这不意味着脱离产业实体，空谈"互联网+"，陷入妄图通过App就能产生行业颠覆的认识误区，一旦如此必将成为泡影。"互联网+"有别于传统产业，具有以下内涵特征。

1. 跨界融合

目标对象问题构成、解决的本质是统筹多重因素相互影响、相互作用的结果。机械化大生产使社会化分工向精而专的领域发展，忽视了目标对象问题解决的系统性，与传统产业中纵、横一体化产业链不同，"互联网+"与产业的融合模糊了原有产业之间的分工"边界"，使不同领域、行业之间的文化、意识形态相碰撞，促进虚拟经济与实体经济跨领域、跨行业的跨界融合，原本不相干、不兼容的合作与竞争要素之间互相转换，形成新型产业跨界合作价值创造。

2. 以人为本

传统产业"微笑曲线"中研发、制造、营销、渠道，以企业产业链自身"垂直体系"为中心，追求单品的量产规模，极易出现同质化现象，而"人"的因素并未被纳入考量体系。"互联网+"与产业的融合，将"人"在消费驱动经济增长、科技进步、媒介更新、人文演进中的重要作用及地位提到了全新高度，形成去中心化、权威化、等级化的创新理念，以往由"卖方"决定的产品概念、制造、定价、营销、传播等，现在形成用户全程参与、平等、开放、协作、共享的新型平台模式。

3. 连接

"连接"作为"互联网+"的重要内涵特征，通过大数据、物联网等打破虚拟实体之间的时空壁垒，形成信息即时化。在互联网平台商业模式下，具有连接属性的人与物、人与人、物与物的社群产品或社群服务，重新解构人与信息（搜索）、人与人（社交）、人与物（电子商务）之间智能连接形成的创新服务模式，解决了信息不对称、延时性问题，形成了新的价值创造模式。

4. 极致化

传统产品注重自身使用价值及物理属性价值，在互联网时代已演变为物理价值、情感价值、观念价值、体验价值的综合统一。以产品异质化为极致追求，注重以用户研究、体验为中心开展设计，用户需求从"需要"向"喜欢"转变，以用户为中心的"产品"极致追求成为关键。传统大范围、高强度的广告公关策略，转向社群、粉丝定向、精准推送，形成口碑营销、病毒营销的迭代，使品牌属性得到进一步强化。

5. 模块化

有别于传统原子型产业链结构，模块化主要是"互联网+"思维下，生产方式及产业链分工与合作的结果。信息时代最显著的特征就是模块化、网络型协同结构，具有根据需求、功能、性能、规格的异同，利用"互联网+"网络化特征，将产业链中研发、制造、营销、渠道、品牌进行细化分工。利用新的组合构建出产品设计方法，依据市场个性化、动态化需求，将生产过程解构为不同环节的拆分、归类、组合，形成系列通用模块、专用模块，依据逻辑结构关系统筹规划，在资源优化配置、整合协同的基础上，以较低成本，形成新的系统模块，最终形成产品，效能最大化，使分工效益与整合效益完美融合。

二、"互联网+"对设计价值创新的影响

在"互联网+"的冲击下，传统以企业为中心的单向度需求，演变为供需双方的双向度需求，以"技术、渠道为王"的传统产业链为社群、平台所代替，对设计价值的创造产生了重要的影响，设计价值创造目的由功能使用价值转变为价值的综合感知、体验等新型设计创新范式。

"互联网+"与传统产业的融合，使传统依靠技术驱动的产业价值创造方式向"以用户为中心"的驱动价值创造转移，互联网、物联网、大数据推动的不仅仅是技术创新。IDEO全球总裁兼首席执行官蒂姆·布朗（Tim Brown）说："纯粹以技术为中心的创新观念，更加不能适应当今世界的发展。"在新兴的互联网、信息技术背景下，设计依托产业"土壤""空气"的改变，使设计师传统工作的对象、环境、方式、方法等遇到了新的挑战。在新形势下，设计供需双方的变化，使"需求重心"向个性化定制偏移，设计思维、策略、设计创造价值的方式、目的、意义等也随之改变。设计作为乙方，原来由企业甲方提出设计需求，转变为以用户为核心，通过互联网平台，向企业与设计师提出个性化定制需求。设计策略由传统规模化、标准化、批量化"物"的思维，向以"人"为中心，综合解决方案转变。人、物、社会、环境的关系被重构，传统企业为主体而展开的设计流程被打破，"互联网+"成为推动设计价值创新的重要驱动力。例如，当下采用的"众智、众筹、众包"开放平台设计思维，促进了设计与产业链、科技创新、管理、消费市场等多学科、多领域的融合，使设计真正回到为人服务的原点。

以多元化与扁平化为特征的互联网信息时代，使"地区、民族、阶层、群体、职业、兴趣爱好等因素，形成众多具有鲜明特征社群和地区的'亚文

化'"[1]。需求的多元化，用户不单满足于设计外观造型，设计从物质功能属性为载体的产品自身，向更加注重信息、服务、情感、体验、心理等多重综合属性需求转变，"推动了消费者心理需求越来越趋向服务设计，相比于传统物品设计，服务设计从关注实体（产品本身）转向产品服务和流程的重视，更加注重个人体验"[2]。如小米极客、社区重新解构了传统交易与用户消费程式，社群提出个性化需求，推动用户研究的深入；根据意见的归纳总结，用户参与到小米各功能模块化的设计，开展策略研究；在小米社区展示相关方案、项目研究深化，最终产品实现；通过设置网络平台抢购，省去了营销、渠道成本；根据用户体验报告，重新对设计项目评估、优化，使运用互联网思维的小米冲出国内手机业"红海"，迅速找到新型商业模式的"蓝海"。

三、"互联网+"设计价值创造与传统设计价值创造的差异

传统依靠技术驱动产品创新，利用"福特制"规模化生产的工业时代设计，在产业链中多处于可有可无的美化、装饰的尴尬境地。"互联网+"的设计价值创造有别于传统设计价值创造，主要体现在以下几个方面。

1. 设计价值创造主体的迁移

在工业经济时代，有"竞争战略之父"之称的美国哈佛商学院教授迈克尔·波特在1980年提出了著名的"价值链"理论。以企业为中心，将价值传递活动分解为设计、生产、营销、销售、物流、支援等多项独立活动，在多个组织机构、供应商、经销商渠道与价值链内部之间形成既独立又相互协调，且具有静态、线性的设计价值创造，以此保持设计价值竞争优势。在"互联网+"时代，设计价值创造价值链的载体演变为"问题解决模式"与"网络平台模式"，较之传统设计价值链思维，"互联网+"设计价值创造具有动态、网状特点。设计问题解决以用户为中心，企业与用户双向价值创造活动，用户体验成为设计战略中的关键因素与效能来源。设计网络平台模式，则以网络为中介连接用户、企业、设计师等供需双方，彼此之间互动、协同，实现虚拟与实体融合的价值创造。

[1] 刘军，帅斌.乐高产品的服务设计模型研究 [C]// 清华大学美术学院工业设计系.设计驱动商业创新:2013清华国际设计管理大会论文集（中文部分）.北京:北京理工大学出版社,2013.

[2] 刘军，帅斌.乐高产品的服务设计模型研究 [C]// 清华大学美术学院工业设计系.设计驱动商业创新:2013清华国际设计管理大会论文集（中文部分）.北京:北京理工大学出版社,2013.

2. 设计价值创造方式的革新

在"互联网+"影响下，技术创新、市场渠道仍旧是价值创造的重要因素，但驱动两者的动力是以"用户"为中心的情感、体验，设计价值的创造，由用户与企业共同完成，设计任务展开的前提是用户研究与服务设计，从单向维度向多向多维度系统化、参数化、模块化的综合解决方案转变。"大"而"众"的设计前期市场调研，转变为汲取社群资源，形成符合受众需求的个性化商业模式、生态系统，使处于产业价值链的终端——用户，全程参与设计产业链创新过程，"用户"成为设计价值创造的源泉。例如，根据用户需求采用"互联网+"思维的产品模块化设计：在传统设计中，用户购买的是经过组装而形成的"商品"，可供选择的功能、规格、颜色等受到限制，无法满足用户个性化需求，产品改进由于模具成本高、周期长等导致产品单一，更新迭代较慢。模块化设计原有设计程序被重构，有效地实现了产品、市场、服务和品牌的融合，共同构建低成本、高效益的综合价值创造。

3. 设计价值创造逻辑的重构

传统价值创造逻辑以企业为中心，产业链内各分工环节为主要因素，采用规模化生产，依托分销渠道，通过"中心化"传播，打造"企业形象"。"互联网+"全新"平台"颠覆性设计价值逻辑变革使传统商业价值链模式失效。"互联网+"与产业的融合，使以往"渠道为王"的传统价值创造模式成为过去。传统媒介弱化与社群、平台、自媒体的兴起，使传播方式呈现"去中心化""碎片化"特征，公众的参与性发挥到了极致，人人既是信息受众又是传播者，依靠传统"广而告之"一统天下的传播方式被改变，而采用线上与用户受众交流，寻找设计机会的发现，线下加强用户的情感体验，保证在社群、平台模式中实现口碑的有效传播与推广，出现"脱媒"现象，节省了企业营销成本、沟通成本，物流平台的构建逐渐摒弃传统分销渠道，为打造"品牌"创新直销平台模式奠定基础。

四、"互联网+"下的设计价值创新模式

随着科技信息技术与产业发展，互联网与物联网、大数据等信息技术在生产、生活中的运用，对设计产业未来发展模式创新产生了巨大冲击。传统设计业

门类彼此之间发展的不均衡现象，逐渐显露出与时代发展的诸多不适应，面临着由传统设计向信息化、参数化、模块化、系统化设计的转型挑战。

目前设计业多以设计工作室或个体形式存在，出于现实竞争与生存、消费者、雇主个人需求的考虑，除知名设计师外，难以保持合作过程中的独立性，以及对设计过程、结果的掌控。在急功近利的物欲驱使下，以致出现大量品位不高的"山寨设计"。另外，部分传统设计依旧停留在工业时代思维，依靠"来稿设计"低层次美化装饰阶段，经营模式较为单一，维系、拓展客户资源的纽带，依然是以"人脉"为主要方式，导致设计业发展同质化情况严重、低价不良竞争等问题，处于由"量"的积累向"质"的转变瓶颈时期。

笔者经过深圳实地调研走访，发现创意设计类经营模式逐渐开始分化，并演变为以下四种形态：第一种是精益求精的工作室品牌经营。根据细分市场，以自身专业技能优势，分得市场一杯羹，多由自由职业者或独立设计师承担设计任务。第二种以传统公司下属部门的形式出现或转型为广告公司，承担本公司相应的设计任务或设计方合作代表。第三种是具有一定规模化、综合式、整合型特点的设计公司，如郎图、山河水等企业型品牌设计公司，主要以品牌整体设计为主，充分发挥整合能力与其他创意、设计机构、个人协作联合，向上延伸至品牌策略发展层面，向下至渠道、推广层面，涉及的领域多包括杂志出版、品牌空间、公共事务等系统设计。第四种是目前传统设计转型探索中最具特色的一类，对现有创意设计业冲击最大。主要借助互联网平台，在"互联网+"思维及模式创新驱动下，基于"互联网+"思维的脱媒、众智、众筹、众包、自媒体，对传统重资产规模经济"大而全"的价值链颠覆性变革，用更高效的方式对传统设计产业进行改造升级，从根源上进行颠覆式创新，这一系列探索尝试为树立"小、专、精"新型商业模式的构建提供了参考。

例如，聚集威客[1]、企业的众包服务扁平化平台模式的猪八戒网，是在"互联网+"思维下对设计产业新型商业模式探索的有益尝试，也可以说是设计任务

---

[1] 威客：特指通过互联网将自己的智慧、知识、能力、经验转换成实际收益的人群。

"淘宝化"、商品化的运营模式（图7-20、图7-21）。猪八戒网以中小企业、个人、大众等为目标用户市场，利用开放的"服务平台"，根据客户需求定制设计，提供企业、个人一站式众包服务，实行轻资产模式经营，低成本、低价格、高效能对资源统筹整合。通过市场协作，将"设计任务"发放在"猪八戒网"网络平台上，设计供需双方使用不定向方式委托分包，企业与个人都可以获得项目合同，使双方价值创造最大化，最大限度地实现供需平衡，满足设计价值创造的需要，成功地实现了价值创造、价值传递和价值实现。设计众包平台能有效调动闲置设计资源与企业、个人需求对接，实现B2B、C2C、B2C等多种合作模式，有效节约了生产经营成本，形成新型社群逻辑下的电子商务平台模式。例如，线下实体店体验，线上设计参与订购（小米极客、小米社区）。线上参与模块化、个性化设计订购模式等，对传统创意设计业产生了巨大的冲击。

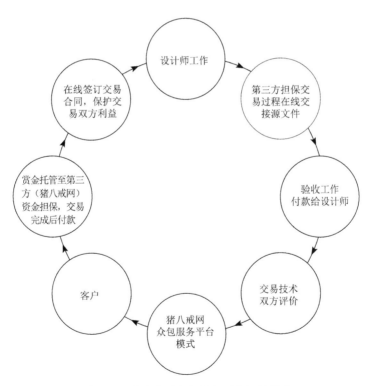

图7-20　猪八戒网众包服务平台运营模式

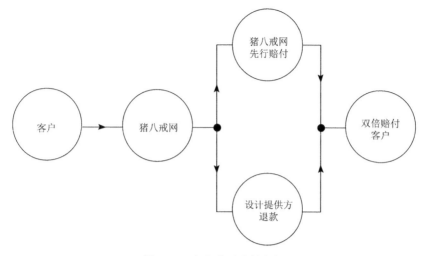

图7-21　猪八戒网赔付流程

　　猪八戒网众包服务平台有别于传统设计公司经营、业务、管理的开展，是基于"互联网+"思维下的新型设计价值创新模式。首先，猪八戒网众包服务平台突破了传统交易时空限制。"设计商品"供需双方不受时空限制，通过虚拟电子商务平台线上"设计商品"24小时实时交易，降低了交易成本，提高了服务效能。一方面避免了传统设计公司受租金、营业时间、人员物料等成本要素限制而造成的资源闲置；另一方面，客户缺少相应的信息渠道，不能与设计公司在资源创造、协调上无缝对接，提高了搜索成本、匹配成本、交易成本等。其次，猪八戒网众包服务平台丰富了设计服务品类。传统设计公司受"二八定律"限制，多以平面设计、工业设计、室内设计等专业公司独立形式存在，拓展新设计业务需要投入大量的人力成本、物力成本、财力成本，猪八戒网服务平台将设计服务供应商统一集聚在平台之上，提高了供需双方问题解决的系统性，以及网状沟通的效能。最后，猪八戒网众包服务平台提高了设计服务交易效能。设计产业出现"脱媒"以后，设计供需双方可以通过移动互联网进行实时点对点的接单、沟通、洽谈等，省去了中间环节，整个交易流程交由第三方服务平台监管，供需双方根据彼此历史交易信息与诚信评价，解决了信息不对称、不及时等问题，有效地降低了信任成本、交易成本，提高了供需双方的交易效能（图7-22）。

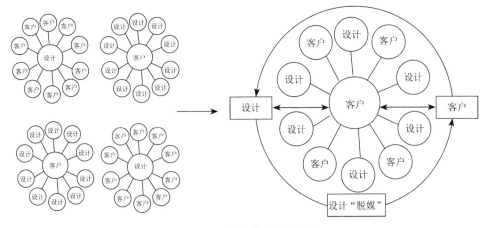

图 7-22　设计商业模式创新的特征

在"互联网+"发展模式下，猪八戒众包服务类型平台使市场均衡理论在实践中成为现实。传统产业链发展模式中，以企业为中心，通过企业之间联合降低成本而获得高收益，用户作为"散户"，利益为企业所忽视，受时间、空间的限制，处于被支配地位，极易出现交易不平等现象。企业同盟在利益面前，极易陷入同质化、低价竞争的恶性循环。猪八戒众包服务类型平台有效通过零成本、零时间、零距离、去中介化、渠道化，将资源统筹整合，实现了对流动信息的分析，形成低成本、高能效的新产业格局。在猪八戒众包服务平台中，设计师与客户由过去单个个体对组织的行为，变成了组织与组织之间的契约行为，有效地避免了交易双方地位不对等、信息不对称、不良交易等问题，降低了供需双方之间的搜寻成本、匹配成本、信任成本、交易成本、交易风险等，真正实现了交易中的市场均衡理论。

工业经济时代以技术、资源为主导的传统产业链，受互联网时代云计算、物联网、大数据、社群、平台、商业模式的冲击，设计产业作为产业中第三方服务产业应逐步突破固有思维范畴，在"互联网+"与设计创新融合过程中，使传统产业链中设计供应端与用户端进一步融合，重新思考设计在未来产业链中的地位和作用，将众包、众筹、众智等作为设计价值创造的新型创新模式，使设计价值创造的内涵和外延逐步获得提升。猪八戒网类型的设计商业模式的探索在一定程度上补齐了设计产业发展短板，省去了中间交易环节，打破了原有交易范式，使供需双方交易行为的完成成为可能。传统设计行业原本依靠信息不对称存在于传统产业链中的各环节，仅依靠提供零散、辅助性的商标/徽标、包装，已经逐渐不能适应未来整合的、综合的、系统的服务型设计的发展趋势，且逐渐受到"互联网+"设计商业模式的挑战，需在商业模式、运营方式、服务方式等方面更新迭代，才能保持传统设计行业的良性发展。

第八章 设计驱动创意产业的
社会生态构建

2014年1月22日，国务院常务会议部署推进文化创意和设计服务与相关产业融合发展工作，明确了设计与产业融合的重要性与紧迫性，提出逐步推进以企业为主体，市场为导向，创新为驱动，"政、产、学、研、用"五个维度共同促进设计与产业融合的协同发展机制。通过转变政府职能，制定并实施支持产业创新政策，扶持并引导、优化产业结构，以提升产业发展水平，打破行业和地区壁垒，推进文化创意和设计服务等新型高端服务业与相关产业深度融合发展，催生新业态、新技术、新工艺、新产品、新需求。推进文化创意和设计服务产业化、专业化、集约化、品牌化发展，以及技术创新、管理创新、内容创新、模式创新和业态创新与设计创新的融合，已成为新常态下深圳经济、社会、文化发展创新的重要内容。所形成具有高效益化、高技术化、高智能化、高附加值与资源低能耗、环境低污染、高产能为特点的产业转型升级，已成为深圳未来产业发展的重要动力与方向。

第一节 设计创新与政、产、学、研、用
关系的解析

在知识经济创新2.0时代，创意设计服务与相关产业融合发展的方法、路径，已成为业界、学界研究设计服务推动产业发展的核心与关键。结合"政、产、学、研、用"综合协同创新机制，推动设计创新与系统产业链、科技创新、管理创新、品牌价值创新、设计商业模式创新的融合发展，已成为构建深圳设计服务业生态系统，推动产业发展的重要研究内容。针对设计服务而展开的"政、产、学、研、用"，作为涉及政府、产业、科研、教育、消费者等多重要素的综

合创新系统工程，以产业链为主线，以消费者为核心，集合创新系统中各要素的对接与联动，可有效调动政府、教育研究机构、设计公司、行业协会等资源的统筹整合，推进完善设计服务知识产权制度保护，深化政、产、学、研、用认知，健全设计服务产业机制，实现设计服务与政、产、学、研、用等方面的融会贯通，增强设计服务产业实践，提高设计服务于产业、社会、文化的效能，在这些方面具有重要的理论指导意义与实践意义。

"政"作为推进设计与产业融合的关键要素，通过制定、扶持、引导创意产业发展的相关政策、法律、法规，在当下开放创新、用户创新、协同创新的设计服务开放创新平台构建，规范引导设计服务产业创新起着决定性作用。使大批与产业相关的设计服务组织、机构规范有序地参与产业发展，保证设计服务、文化创意、创新园区等以产业集聚为特征的新型产业发展创新平台模式良性发展，是创意设计业与政、产、学、研、用发展联动的重要保障。

"产"是借助于以开放创新、用户创新为特征的设计服务业，与产业链的融合创新。在满足市场、经济、文化等多方面需求的基础上，深化创新内容与形式是推动传统工业经济向创意经济转型升级的重要内生动力。充分发挥设计创新与科技创新融合的效能，使科技创新成果能够更高效地转化为现实先进生产力，在一定程度上，降低由于盲目技术创新而带来创新的风险与成本，实现政、产、学、研多维度融合的综合统效，使产业发展朝着更为专业化、综合化、系统化的方向深化与拓展。推动当下以科技创新为主导"产、学、研"向"政、产、学、研、用"的协同发展，是形成知识创新2.0下，科技、教育、经济、社会、资源、环境的可持续良性发展路径。

"学"是设计服务驱动产业的创新发展，引起与之密切相关的教育科研机构、政府等展开相关的设计与产业融合发展等探索研究，是推动设计与相关产业融合的重要条件。

"研"作为设计服务驱动创意产业的内驱动力，与创意产业中高附加值、综合核心竞争力、优化产业资源配置、经济产生持续动力等内容密不可分，是创意经济持续增长的关键要素。

"用"明确了创新2.0时代创新的核心主体地位，重新定义了知识经济创新中，开展设计创新、技术创新活动的原点与终点。在传统产业链发展中处于终端，被支配、忽视的"用"的地位与作用被改变，"用"的价值与意义成为政、产、学、研的落脚点，设计服务据此而开展的用户研究、用户体验、服务设计等成为当下创新2.0时代的关键与灵魂。

创意产业中具有重要作用的设计服务与信息交流、交易服务创新平台，是有效连接信息、人才、资源、推广创新内容的另一重要举措，作为推动区域内创新网络信息沟通、连接的重要路径，其可实现区域性统筹资源整合，带动并优化产业链内部结构及各环节合理分工，解决传统设计服务业松散的产业状况，以及设计信息供需对接不畅、不对等问题（图8-1）。近两年由深圳市政府主办，深圳工协承办的深圳国际工业设计大展，努力在设计与产业之间搭建桥梁，构建多方交流、交易的平台，共同促进设计创新对产业发展的重要驱动。同时，公共服务平台对人才培养、资源转化等也具有重要作用，公共服务平台不是简单地对创新人才"资格认证定级"，而是利用平台，优化调整设计服务业与产业供需人才结构，统筹区域内、外教育科研资源，使设计创新人才能够更好地满足产业中各层级、机构对设计创新梯队人才的需求。同时，也有利于发挥专业性的专题推广服务优势，在设计服务机构、企业、社会中营造良好的创新氛围，提升各层级对设计创新行为、成果的认同与支持，如深圳平协组织的"平面设计在中国（GDC）"等系列活动。

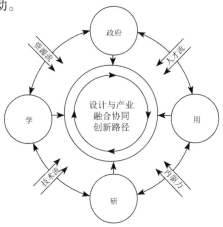

图8-1　设计与产业融合协同创新路径机制

　　新时期，在实现从"速度深圳"到"效益深圳"的历史性跨越过程中，"四个难以为继"依然影响着深圳的经济与社会发展，其中所暴露出的资源环境制约、核心技术创新能力薄弱、产业结构优化调整等任务依然艰巨。深化设计服务与"政、产、学、研、用"的发展认识，细化、实施与设计、产业密切相关且具有前瞻、严谨、高效的政策、法律法规、知识产权保障内容，推动设计教育、全民设计创新认知等创新机制的形成，明确并高度重视设计服务在产业中构建文化内涵、品牌建设、资源统筹整合、创意设计生态环境等发展战略建设的重要作用。发展创新设计推动产业发展的重要驱动力，将成为未来设计服务业助推产业发展的重要研究内容。

第二节　产业相关政策、法规举措与设计服务的关系

一、政府在设计与产业融合中的作用

与产业发展密切相关的政策、法规的制定与实施，是设计服务与产业融合的重要保障与核心驱动。要更好地推进设计服务与创意产业的融合发展，构建良好、有序、高效的内外部环境机制，应转变政府在设计与产业融合中的角色定位，通过系统化的宏观政策、法律法规，在营造氛围、平台建设、服务体系、人才建设、资金支持、渠道拓展发展空间、知识产权保护等方面做出相应明确规定，从而更有利于推进深圳创新型城市的建设。发挥理论的先导作用，是构建设计服务业发展基础环节的必要条件，而缺乏行之有效的设计与产业的理论研究、政府政策、法规的支持与监督，亦无法形成有效助推产业发展的内核动力。如就产业中的设计服务而言，创意产业原创知识产权政策、法律、法规保护的缺失，必然导致产业链各环节运转秩序的混乱，引发"多米诺效应"，难以形成完善、高效的产业价值链与成熟稳定的产业生态。

政府是推动设计与产业发展融合的核心与关键。通过对产业分工、从业人数、产值效能等要素的考察调研，明确设计服务业在产业结构中的位置、作用，制定相关政策，搭建平台，鼓励企业设立设计研发中心，在企业、设计机构、金融资产等要素之间架起桥梁，积极引导全社会对创意、设计创新理念的容纳度，实现企业、设计、资源、金融资本的无缝对接与多重增效。设计与产业资源在产业政策、公共服务等方面的统筹整合，乃至整个社会对公共服务、文化、交通、建筑景观、公共设施、地区形象等领域需求层级的提高，都凸显了政府在设计创新服务中的重要价值作用。

随着深圳市政府对产业中设计服务认识的不断深入，逐渐积聚了一批具有一定相关专业学术素养的"学者型官员"，能够及时把握国家创新发展政策优势，

主导并设立一系列具有扶持、引导、监管职能的创意产业政府职能部门。例如，在深圳市政府主导下成立了与文体旅游局协同开展文化创意产业相关业务和活动的常设行政机构"设计之都推广办公室"；鼓励并支持行业自发性组织协会，其中包括深圳平协、深圳工协、深圳市服装设计协会等。在政府、产业合力推动下，深圳在2008年率先向联合国教科文组织提出申请，获得国内第一个"设计之都"的荣誉称号。在取得"设计之都"的称号后，深圳市继续加大对设计服务业的扶持与推广力度，举行了一系列有利于设计与产业融合的相关活动，如深圳创意十二月、深圳国际工业设计大展等设计活动纷纷登台，使深圳设计服务业在提升产业发展规模与效益中产生了一定影响力。深圳针对创意产业而进行的政策、方式方法的经验，非常值得国内其他城市在推动创意产业发展过程中加以借鉴。

我们从中可以清楚地看到，深圳"设计之都"成绩的取得与其自身鲜明的城市品牌定位，以及政府、社会、公司机构、产业在其中相互配合的作用密不可分，是诸多要素的碰撞、融合、升华。创意产业作为一个专业性、系统性、综合性的新型产业，如果没有政府在政策、法律法规的规划、扶持，以及产业、社会创新精神的培养，深圳依托创意产业打造"设计之都"建设就不可能取得今日的成就。

在全球化背景下，我国大力推动创新、创意产业政策的制定与引导，是国家、社会发展创新阶段的反映，也是国内各大中小型城市发展创意产业规划背景与重要的政策依据。文化创意产业虽然愈发兴盛，但各大中型城市多忽视自身产业资源、阶段现状，盲目通过一系列具有政府背景、推动创意产业发展令人振奋的举措，争前恐后将构建"创意产业""创意产业园""××之都"作为自身产业发展思路的定位标签，却在无形中暴露了诸多问题。对此笔者以实地考察、访谈等形式，对深圳创意设计服务业，以及创意产业园发展状况进行调查发现，当前对于助推"文化立市""文化强市"的宣传与推广过程中，设计创新价值重要性与作用的认识程度不足，设计推动产业发展的"扶植计划"多停留在宏观"大"而"空"的政策、会议、博览会、展销会、展览认知层面；政府部门文化局、旅游局、新闻出版局、宣传部等，缺少具体直接分管创意产业专门对口的管理机构与深化设计与产业融合的机制，以及制定、执行或监管设计与产业融合的具体举措，致使政策、规划、措施落实难以得到有效的执行；设计服务行业数据库相关普查机制尚未建立，政府、机构、学术研究等尚未掌握并建立准确、清晰的基本统计、调研数据，在一定程度上限制并影响了设计服务业的规模与效益。一些城市虽然成立了一系列与文化创意产业相关的协会组织、综合性公共服务平台等机构，但就笔者实地走访发现，众多联盟、协会多属于松散组织，合力推动产业发展非常有限。另外，一些和产业密切相关的设计赛事，由于其评选机制、标准依然限定于设计自身专业领域范围内，多由知名设计师组建评选团队，对参选作品评判标准多从专业角度出发，而缺少系统化的市场化效果、产业影响等综合评估体系，使设计服务逐渐脱离产业实体，逐渐演变成为艺术化活动的另外一种表现形式——"设计艺术"……

另外，作为创意产业的重要表现形式，具有规划性、专业性、集聚性、系统性显著特征的创意产业园，多由政府主导建设，存在只是物理空间上集聚了产业链中下游公司、机构的现象，园区内设计行业相关各领域展开的设计活动缺乏产业链各环节统筹整合的统一规划、指导，与相关具体细化的扶持机制，直接影响创意产业集群化、规模化、效益化。我们应该清醒地认识到，各类创意产业园的出现并不能成为"创意经济时代"的标志，这是一个非常值得审视、深思的现象。

针对深圳土地资源有限、物理空间不足的客观情况，应着重扶持有助于产业规模集聚效应的文化产业园（基地）建设，由政府出面牵头，成立具有政府背景的设计产业价值链专门管理机构，建立设计与产业密切相关的交易公共服务平台与机制，促进创意产业链的各环节、不同领域、知识的交流合作，集中力量加大对产业链形成与完善过程中重点项目环节的扶持，更好地构建并强化创意产业园中产业的集群化增效，以及发挥相关产业链各环节不同程度关联性的构成作用。因地制宜，从实际出发，针对辖区不同企业发展的不同阶段与实际困难，实实在在解决设计服务与产业融合过程中出现的问题，针对设计服务需求的不同，扶持创新型、创业的有潜质的项目或个人，能够在项目专项资金有针对性的支持与援助下提供支持与帮助，集中力量扶持具有自主知识产权、原创的产品和项目，推动产业创新与品牌战略规划与建设，加大利用创意产业专项资金的支持与引导力度，而不是一般意义上专项资金的"大锅饭""锦上添花"。

我们从邻国日本推动设计与产业的发展路径中，也能够汲取一定的教训。20世纪50年代，日本为了在短时间内获取巨额利益，开始依靠仿造、仿冒欧美发达国家名牌商品复苏国内经济，但其制造业水平与欧美等发达国家存在相当大的差距，导致大批量、低层次、劣质的仿冒商品出口到国外以赚取外汇，最终导致贸易摩擦，导致欧美对日本仿冒商品的抵制，日本制造也一度成为劣质、低价的代名词，直接影响到日本制造的声誉。

而后，日本开始通过创意设计服务业作为培育自主品牌的重要举措，全面提升国家设计自主创新能力，支持中小企业开展实施了一系列设计创新机制，鼓励并表彰优秀设计的企业与机构，加大产业中设计服务业的比重，力图通过设计创新摘掉低廉、仿冒的帽子。对大型企业而言，由于在资金、技术、人才方面具有一定优势，对设计创新的把控能力较强，能够有充裕的人力、物力推动设计创新。而中小企业受资金、观念、技术、人力等多方面的限制，设计创新价值增效显得捉襟见肘，针对这一点，日本政府尤其重视中小企业利用设计创新来推动企业自主品牌建设发展，根据企业自身行业特色、优势，在政策、资金、技术方面予以扶持，加强设计行业、企业之间的协作。例如，由日本政府经济产业省主导，在日本实施时间最早、持续时间最长、产生效果最好、影响最大的"优秀设计奖（Good Design）"计划，通过评选国内优秀设计产品给予嘉奖，并授予"G"标志，同时利用展销会、博览会等对外宣传活动开拓国内外市场，积极扩大本国中小企业自主品牌在国际上的影响力，经过不懈努力，"G"标志制度在国际上已经逐渐成为极富创新精神高品质、高价值、高美誉度商品标志的象征（图8-2）。

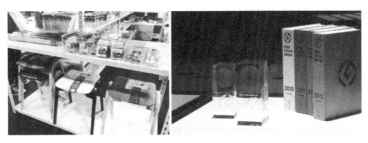

图8-2　日本Good Design计划标志和部分产品

此外，日本政府通过日本商会与全国工商联合会共同实施了"日本名牌"的培育计划，为具有资源与技术优势的中小企业提供必要的项目资助。例如，聘请设计师或品牌顾问，提供新品研发与创意设计指导，每个项目资助金额约500万日元，用于完善品牌战略；为树立中长期自主品牌项目，提供最长3年，由地方产业局提供所需经费约2/3以内的资助基金，每个项目资助额度约为2000万日元，并提供市场调研、新品设计研发、品牌战略、海外宣传推广等帮扶措施，积极推动中小企业自主品牌培育；鼓励并支持不同领域的中小型企业与高校、研究机构、公共服务非营利机构开展协作，形成新的设计与产业合作联盟组织，发挥各自在技术、科研、市场方面的创新优势，提升相关领域优势成果的产品化、市场化转化效率，进而创造出对多方有利的高附加值产品与服务。

二、法律、法规在设计与产业融合中的作用

创意产业中的法律、法规属于政策性保护范畴，在创意产业发展过程中，政府制定知识产权保护与防不正当竞争系列措施的力度与强度，是当下推进设计与产业融合进程中的重中之重，直接关系到创意产业能否健康发展。由于设计服务内容与形式较为单一，感性思维成果不能标准化、量化且易复制加上复制成本极低，再加上广告、海报、包装等使用周期短的问题，长期以来对产业中设计的重要作用的漠视，造成当下严重的设计抄袭侵权行为成为常态，山寨之风盛行。

由于设计服务隐含于众多行业领域，并分属于不同部门管理，相互之间管理、结构、层次繁杂，虽然现有的商标法、专利法、合同法等法律法规对具有明确权利的设计服务知识产权起到了一定的保护作用，但对未获得商标注册、专利

权的设计服务；合同未明确规定的零散、即时性的设计服务知识产权保护；受委托方提供设计服务方案被第三方或竞争对手企业以不正当手段窃取，率先实现产品化、市场化；抑或委托方企业通过征集而未获得采用设计方案，通过隐瞒、修改被委托方设计方案，而造成擅自使用等侵权行为缺乏有效的监管、举报、处罚机制。依靠现有法规不能得到有效保护，难以保证设计服务知识产权在受到侵犯或不正当竞争时形成有效的管理、规范、协调，严重阻碍了设计服务与产业融合的有序、健康发展。此类现象普遍存在充分说明建立专门的知识产权保护、管理机构规划协调机制的紧迫性与重要性，同时应充分发挥创意产业中设计价值创新的价值增效，促进设计与产业规范有序发展的重要保障。

随着设计与产业融合的不断深入，受保护商品识别领域的扩大，日本政府针对上述情况，通过了一系列知识产权保护法规与防不正当竞争制度细则，不仅将区别于其他具有识别特征的商品标志、商标纳入知识产权法案范围，并且逐步细化将商品外部造型、结构、图案、色彩、质地、光泽等视觉要素，以及长期持续占有性使用或短期强有力宣传，使商品形态与之达到融合统一成为能够被公众认知的识别特征等，都定义为商品固有形态知识产权范畴，严令禁止相关领域用于销售、流通、展示仿冒他人与商品相关的设计要素行为。另外，制定反不正当竞争法规，对一些"经营秘密"条款也进行了约定，不仅适用于设计师与企业之间，由签订合同引发的纠纷，或第三方通过间接手段获得设计方案，并且同样能够适用于尚未获得知识产权专利保护为企业提供的设计服务，提供了重要的法律依据，使商品的知识产权得到了应有的保护，从而更好地引导、规范设计服务业与产业的健康发展。

当今在互联网、数字时代背景下，增加了设计服务数字化知识产权保护的认证、控制、监管等运营体系难度。建立安全、可靠、便捷付费、结算的数字知识产权监管机制，有效防止未经设计服务提供方授权，而进行的营销、传播等商业化活动，各级政府部门应根据区域经济、社会、文化等资源实际条件，充分发挥政府在其中的关键作用，围绕企业、设计机构组织、行业协会相互配合，以企业为基础、行业协会为桥梁，设立专门的设计与产业监管机构，形成以政府为主导的设计创新与共性交流、交易的公共服务平台，及时掌握设计服务业与产业信息的需求与归纳反馈，依靠高效的管理条例、办法、法律、法规等制度基本核心体系，形成产业化、制度化机制，确保推行的政策、法规落到实处，保障创意产业自主创新水平的提高。在设计与产业之间建立统筹协调的知识产权保护机制，确保产业中设计服务的数字化、网络化知识产权的保护进程，构建创意产业中的知识产权保护体系，为拥有自主知识产权的自主创新品牌，设计创新转化科研机构技术创新成果，提供强有力的政策、法规支撑与重要保障，更好地服务于深圳设计与产业融合的创新发展。在实现由"中国制造"向"中国创造"的跨越过程中，开发出具有高度自主知识产权的高科技含量的品牌产品，也是未来深圳提高综合创意产业竞争力的战略选择。

第三节 "设计之都"（深圳）设计创新与产业资源的整合联动

就设计服务业自身来讲，长期以来，设计与产业之间的疏离，导致设计行业自身存在诸多问题，未能明确认识到设计在产业中的地位与作用，仍停留在与艺术之间的模糊关系认定上。针对产业开展设计服务而举办的比赛、展览，也多从自身专业领域出发，设计的评审标准多由知名设计师组建专家评审团队制定，设计主观情感化、艺术化程度的高低，成为评审的重要标准，而市场化综合衡定指标往往被忽视。设计师为企业机构提供设计服务时，由于缺乏对产业链环节密切相关必要的研发制造、经营管理、营销渠道等内容认知，不能有效地将设计知识、理念、应用转化为产业驱动力，切入产业程度非常有限，这也成为当下产业中设计服务尴尬的共性问题。另外，提供设计服务的主创人员也存在过分强调自身艺术化、唯一性的"人文艺术气息"，将产业中的设计服务贬斥为庸俗的商品化、金钱化，当设计服务参与产业过程时，反而束缚了手脚，在此等"视觉游戏"中，逐渐迷失了设计服务在产业中存在的价值与意义，形成以自我为中心个人"小资"情怀的宣泄，而无法真正有效实现设计与产业的融合，制约了经济、社会、文化与时俱进设计生态观的形成。

20世纪以包豪斯为代表的现代设计，实现了第一次全球设计资源的整合。新时期，在互联网信息数字技术的推动下，应把握新一轮全球性设计资源整合的契机，推动设计服务与产业的融合发展。改变传统以个人工作室或小型机构、作坊等发展模式，要借助于设计创新与技术创新融合，发展具有原创性高端定制设计服务、综合化与集团化的品牌设计联盟平台与设计经纪人制度等，多层级重要内容的创新路径，全方位地树立具有生态伦理观、可持续发展观的生态设计观。

建立创意设计业与产业资源的联动机制，是未来深圳产业发展的主流趋势。以设计服务为重要辅助内容的创意产业，具有功能性生产与精神性消费的双重属性。在创新文化精神的指引下，以市场、消费者为导向，在发挥产业自主创新发展过程中，形成设计服务对产业重要驱动的良性循环机制，加大产业内外、公众和整个社会集体对设计服务创新意识的培养，使创意产业中设计服务与传统产业资源不同门类之间内容、应用，通过延伸融合、交叉融合、关联融合，实现产业内资源的统筹优化配置，建立设计服务与产业、市场的联系，形成设计服务创新的原动力，丰富并拓展创意产业构成中不同门类的产业发展路径，对开拓发展国际、国内市场及深圳产业结构优化升级具有重要意义。

作为一个新型城市，没有为人所称道的历史文化传承优势，但这也成为深圳积极开拓创新的优势。借助深圳"设计之都"精神的鼓舞，政府、企业、协会、机构等多重组织联动，着力扬长避短，注重培养文化的多元化、包容性精神，提倡全民参与创新，尊重并鼓励知识创新、科技创新、设计创新等系列创新举措，积极营造并形成了有利于深圳创意产业发展，具有青春、活力、时尚的先锋创新文化氛围，逐渐形成深圳独具特色的以"文化+科技"为重要内容的创意产业发展模式，长期坚持并使之常态化、品牌化。例如，深圳为积极推动设计服务与产业资源的整合联动，开展的一系列活动，深圳创意十二月、深圳工业设计大展、平面设计在中国（GDC）、深圳公益广告大赛等。

深圳作为国内创新价值创造过程中制度创新、文化创新、经济创新的优秀典范，在实现设计服务与产业资源整合联动过程中有着良好的产业与设计资源积淀。经过多年的发展沉淀，深圳拥有了国内其他城市不可比拟的设计创新与产业资源优势，这与深圳市政府对设计创新助推产业发展的正确、开明认识密不可分。近些年来，通过大力发展以高新技术、创意产业等为支柱的重要产业发展内容，逐步加大创意产业发展的投入，深圳较国内其他城市率先建立了较为成熟完善的市场经济框架体系，为创意产业中设计服务的发展奠定了良好的市场基础，创造了宽松的创新体制环境。产业中自主品牌意识逐渐开始觉醒，传统"三来一补"发展模式开始向力求突破低层次、同质化竞争，缩短设计研发到市场消费的循环周期，大力发展创意、设计、品牌、营销、渠道、服务等多重综合转变，开始探索以设计创新为主导的创意经济产业链模式发展道路。此外，深圳充分利用与香港特别行政区毗邻的地缘优势，深化加强与香港特别行政区产业资源配套的融资、技术合作，借鉴香港特别行政区在创意产业中体制、金融、信息、人才优势，以及融资渠道多元化、创意产业扶植资金计划等方面的经验，出台了一系列政策措施来助推产业的发展融合。

2015年3月11日，《国务院办公厅关于发展众创空间推进大众创新创业的指导意见》的发布，开启了深圳利用"大众创业、万众创新"的"双创"工作，推动了创新发展的新进程。借助互联网数字信息技术，为以深圳创意产业为重心的"双创"发展提供了发展政策理论依据与丰富的空间路径，引发了一系列关于设计与产业的创新模式探索，如积极开展创新投贷、股权众筹等融资方式，以及广泛推广创业扶持基金、众创空间等孵化机构，打造信息、技术等公共服务平台，为实现设计与产业融合的创新创业提供众多便利条件。

由于创意产业资产评估难度大、盈利周期长、未来盈利预期不稳定等因素，众多创意产业企业在发展初期普遍面临资金紧缺、融资渠道单一等问题。一方面，深圳市政府牵头制定系列措施，积极推动产业园建设，积极打造具有深圳产业特色的完整创意产业链，形成文化产品出口的全球化战略，推动高新技术产业与设计服务融合。文化体制改革办公室、文化产业办公室和国土规划等部门，积极协调企业发展用地需求，申请或批复了环球数码、雅昌、迅雷、腾讯、A8音乐、华强文化科技产业园、嘉兰图、中国数字媒体城等企业或项目用地需求；重点支持以华强文化科技集团为代表的创意产业园自主创新品牌建设；利用南头城工业区5栋旧工业厂房等工业遗产，进行"三旧"项目改造，建设"深圳设计产业园"；在动漫城等产业园规划筹建规划初期，着重解决相关企业立项、报建手续等问题，在产业园区建设中后期，协调解决园区环境、道路、交通等配套设施问题，大力引进水晶石、雅图等优秀创意产业企业进驻；为南山数字文化产业基地引入派文化传媒、雅图数字影院等企业；积极协助南海意库解决剩余厂房回购等问题；积极推动建设大型创意产业主题公园，实现创意产业主题公园向国外出口，充分发挥设计服务推动产业发展的重要驱动力，丰富深圳设计服务于创意产业的形式与内容，最大限度地实现设计服务助推产业发展。

经过各方的支持与努力，深圳已培育出在诸多领域中具有较大影响力的互联网公司——腾讯；深圳在欧美、日本等海外国家享有极高声誉，占全国艺术品图录印制95%以上，集传统印刷、IT数字技术、文化艺术为一体创新发展模式的雅昌集团；全亚洲规模最大、性价比最高、技术设备最精尖之一的环球数码三维动画影视公司，率先制作并公映了国内首部3D动画电影；A8音乐作为中国最大的音乐门户，已成为中国电媒音乐的领军者，以及中国十大无线增值服务品牌之一；当下全球互联网最大多媒体下载引擎之一的应用软件——迅雷；集聚了嘉兰图、浪尖、洛可可等国内具有较大影响力的工业设计公司。另外，借助政府政策的引导与扶持，深圳利用展览、展会为企业搭建公共服务平台，积极推动设计服务与产业、社会等产业资源沟通、交流，如利用深圳文博会、高交会（高新技术成果交易会）平台的引领与示范效应，确立具有深圳特色的博览会品牌化战略定位，推进深圳展览、展会的品牌化进程，增强博览会对创意产业市场化运作的推动作用，积极与国际博览会展开合作、接轨，走出具有专业化、国际化、产业化完备的深圳产业发展道路。以南山区为例，2007年，南山展区首次申办了华侨城创意文化园、南山和蛇口数字文化产业基地3个分会场，并实现了26.17亿元的成交总额；2008年，组织申办了深圳大学、深圳动漫城、南海意库3个分会场，成交金额达18.33亿元。

同时，我们也应该看到，系列博览会作为深圳发展创意产业交易、交流的重要品牌展会，可以说是深圳目前设计服务与产业融合的缩影，从参展层次、内容、构成上看，与国际知名博览会尚有较大差距，间接反映出诸多问题。2015深圳国际工业设计大展，由于核心科技创新能力缺乏、设计创新成果转化能力薄弱；产业链不完备，缺少开展设计创新之前的用户研究；金融资金、渠道、政策等辅助机制的缺失，导致贸然投入市场风险剧增，使参展的80%的产品尚普遍停留在概念样机阶段，缺少市场化、产业化运作。此外，部分成品也多是利用深圳原有加工制造产业基础，各功能模块的机械叠加，形成众多只是标志、造型、包装不同，集WIFI、照明、加湿器等于一身的可移动式电源、台灯、音响等，具有高度趋同性、同质化产品，这也在一定程度上间接说明了，在深圳实现ODM、OBM的转型进阶过程中,其产业发展主体尚处于1/2 ODM的产业现状。

随着工业时代向以信息技术为重要特征的知识经济时代过渡,新的国际分工给传统产业结构的优化与调整带来了前所未有的机遇与挑战。当下,在注重传统制造业的复兴拉动的基础上,衍生出如数字技术、医药、社交通信、航空航天等新内容,进入制造业发展的新阶段,出现了数字核心技术、核心产品等先进制造的垄断霸主,如微软、苹果公司、IBM、谷歌等国际知名企业。从西方发达国家或地区的发展历程中可以看到,制造业增速的高低与经济、社会发展成正比。深圳在通过着力发展四大支柱产业,以实现城市经济的快速增长与产业转型过程中,我们应该清醒地意识到,经济、社会的发展与对制造业的重视程度密不可分,而设计创新是制造业的先导与关键环节。第二次世界大战后的德国、日本制定的"以制造业出口为导向"发展战略,实现了经济的快速增长。2008年,日本遭受亚洲金融危机重创,致使日本经济泡沫破灭,银行巨额坏账大量产生,造成产业"空心化",工业产值增量与经济增速迅速下滑,此结果与制造业竞争力的下降有着直接关系,部分学者直言,金融危机的出现是由于发达国家或地区"去工业化"的结果。新时期,以美国、英国为代表的发达国家或地区再次提出在科技革命与产业革命下,以制造业回归为主要内容的"再工业化"发展计划,以期实现传统工业经济发展模式向创意产业发展阶段的转型与升级。

可以说,制造业作为提高经济综合竞争力的风向标,其先进程度的高低,是关系未来深圳产业竞争格局成败的决定性因素。发展以科技创新为主导的先进制造业,针对新市场环境而做出的技术与体制方面的调整是实现深圳未来产业可持续发展、形成核心竞争力的关键要素。若制造业核心竞争力衰退,势必会在新一轮的竞争中处于劣势,而与先进制造相关产业资源发展密切相关的设计创新,在实现先进制造自主知识产权核心技术成果转化、衍生过程中具有举足轻重的作用,有利于摆脱目前产业发展过程中"引进—落后—再引进"的尴尬困境。

高新技术及制造业助推深圳产业的持续发展，应着力提升设计服务与产业层级，打造服务于产业的深圳创意设计业组织的集团化与品牌化，向综合品牌战略设计服务转化，着力培养具有影响力的深圳"创意产业"品牌，提升创意产业品质，将深圳创意产业打造成中国文化创意产业的旗舰品牌，在国际、国内激烈的市场竞争环境中拔得头筹。

第四节　设计创新教育与科研的转变

在知识经济时代，国际竞争日益加剧，城市综合竞争力优势的提升与人才、知识、资源的统筹、配置、转化密不可分，知识、人才等生产要素的获取已成为实现财富创造与经济可持续增长的重要动力。2002年，美国社会学家理查德·弗罗里达在充分研究城市产业变迁、人口构成、氛围营造的基础上，基于对创意产业推动创意城市建立的认知，提出打造创意城市、提高城市竞争力的重要理论——创意城市3T理论：技术（Technology）、人才（Talent）和包容（Tolerance）。[1]这里对"技术"的概念定义，主要是为了生产、生活而进行的科技创新活动；人才即经过高等教育的创意产业发展"主体"，是具有较高创意产业需求的高素质人才；包容意指公众乃至全社会对创意产业创新内容与形式及多元化生活方式的容纳度。在弗罗里达的3T理论中，把强化创意产业人才教育培养，以及创意阶层的拓展单独列举出来，作为构建创意产业生态系统关键的三要素之一，突出强调创意产业人才教育与科研在未来城市或地区创意产业创新发展进程中的重要性。

深圳未来要发展创意产业、实现设计服务与产业的融合，就必须充分重视与设计教育相关的人才、制度的振兴与建设。发达国家与地区能够实现创意产业的快速发展，与其为提高产业附加值、增强竞争力、注重设计人才教育与产业优化的转型结合密不可分。实现具备知识与人才资源优势的高校科研、以科技创新发展为主导的科技创意园区，以及"以人为本"多样性公共社区社群三个要素的融合发展，搭建平台，实现资源共享、优化配置转化，已成为构建创意城市互为补充的必要条件，共同推动深圳创意城市战略发展的重要举措。

作为创意产业发展重要内容的设计服务相关人才教育日趋重要。改革开放以来，老一辈艺术家、美学家、史论家、教育家做了大量理论与实践研究工作，使国内具有现代意义上的设计教育得以迅速发展。国内设计教育最初阶段着重以

---

[1] 巩艳芬，曹微，魏希柱．中国创意城市发展的战略方法研究 [J].哈尔滨工业大学学报（社会科学版），2010,12(6):94-98.

"量"为主要内容，质的提升居于次要地位，于是，出现了开设与设计相关专业的高校呈现出几何式、泡沫式的增长。截至目前，国内已经有500多所高校开设"设计"相关专业，其中难免出现设计教育质量良莠不齐的问题，但每年培养的大量设计人力资源集聚，也为深圳产业发展所需设计服务提供了源源不断的新动力与活力。我们从深圳创意园建设过程中可以看到，相关项目的主管领导或负责人很多是设计、艺术专业出身，拥有较高专业学术素养的"学者型官员"，他们对创意产业中设计服务的理解认知，较国内其他地区，在制定、落实、推进政策机制时，具有更为开明的态度与更高水准。

深圳高端创意设计与科研人才培养，应充分利用深圳的地缘优势，借鉴港台发展创意产业中的丰富实践经验，以及完善的人才培养体系，建立全方位、多层次的人才交流机制。同时，积极拓展设计创新教育思路、策划创意产业、国内创新方案人才的培养、引进国外优秀人才，深化设计创新人才培养合作机制，加快创意产业与设计服务人才集群的建设，以弥补深圳当地高校教学科研、辅助设计与产业融合的不足。"2009年的数据显示，深圳市设计学校，大专3所，本科1所，硕士研究生院所1所，博士研究生院所0所，相对而言，北京的数据分别是7所、35所、21所、9所，上海的数据是6所、21所、10所、6所。深圳总共有4所本科以内设计学校，北京和上海分别共有42所和27所。"[1]深圳设计教育存在的客观情况，也是深圳创意产业发展需要长期努力解决的问题。在此基础上，深圳市政府开始着重加强与国内外知名高校科研院所的合作交流，陆续引入清华大学深圳研究生院、北京大学深圳研究生院、哈尔滨工业大学深圳研究生院、清华-伯克利深圳学院、香港中文大学深圳校区、俄罗斯列宾美术学院深圳学院、深圳北理莫斯科大学、深圳吉大昆士兰大学、深圳墨尔本生命健康工程学院、湖南大学罗切斯特设计学院等，推动科技成果优先在深圳市进行多层次、多形式的合作转化，以及关键技术与产品的研发，提高科技创新成果转化为有效生产力效率，助推深圳高新技术产业的快速发展，逐步实现原有产业结构的调整与升级。

严格来说，设计教育的内涵不仅体现在对业内设计人员的培养，而且包括设计服务与创意产业产业链运行过程中各环节主体——设计师、设计机构、设计

[1] 彭立勋，乌兰察夫.文化科技结合与创意城市建设:2010年深圳文化蓝皮书[M].北京:中国社会科学出版社，2010.

协会、媒介、企业营销传播部门、甲方设计决策部门、受众等内容。例如，深圳开展的"创意十二月"系列活动，奥雅设计之星大学生竞赛；梦想旧城——济源奉仙观粮仓片区旧城更新总体设计、全国大学生首饰设计大赛、深圳大学生动漫创意设计大赛、"我的深圳故事"——原创四格漫画大赛、深圳文化家居创意设计大赛、"银瓷杯"酒包装陶瓷设计大赛、深圳市龙华新区广告创意设计大赛、第七届深圳·宝安（国际）创意文化节、第九届设计之都公益广告大赛、中国（深圳）国际工业设计大展、"变形计"家居艺术装置市民创意设计大赛、寄往心灵的爱——全民贺卡创意设计大赛、GDC平面设计在中国（GDC）2003—2013墨尔本巡回展、深圳创意设计七彩奖、美哉书籍展——中国最美图书等系列活动，都为设计与产业、社会之间提供了宽松的政策环境，以及建立了良好的交流沟通机制。

从另一层面来说，当前设计教育的专业培养模式与产业发展存在一定的滞后与缺失，设计教育中心主要是以"如何设计""怎样设计"等技法、视觉美感层面的训练为主，而对超越设计目标对象的复杂系统问题并未触及，关键问题就在于"对他们试图解决的复杂问题及宣称的证据标准了解甚少"[1]。

艺术、审美、情感化修养作为创意产业中设计服务具备的客观要素，与之相关的经济、管理方面等市场化运作机制的研究实践与理论，往往为业界、学界所忽视。

"为什么设计"系统设计方法论缺失，使当前设计教育人才培养模式、内容与产业脱节，不能有效深化与产业链的融合，造成缺乏有效协同、复合立体化的系统教育培养模式，进而也影响设计教育质量的提高。知识的传授与技能的培养只能作为设计教育的基础部分，当前设计服务发展的重心已经不能单纯依靠设计精英设计出单一具有创新性、原创性、审美性的产品造型、样式、标志、包装、空间等内容，应突破视觉层面与产业理论、实践的结合，培养学生兼具前瞻性视角与解决问题思维训练的能力，让学生参与到与市场密切相关的设计产业链实践中来，加强设计服务与产业链的融合意识，引导学生对目标对象及问题展开调查、分析、研究、归纳、总结，探索发现设计与产业、市场之间转化等实际问题

---

[1] Norman D. Why Design Education Must Change.[EB/OL].(2010-11-26)[2010-11-26].https://www.core77.com/posts/17993/why-design-education-must-change-17993.

解决的能力与方法。设计与产业融合的关键环节就是深化并拓展传统设计学科知识体系的内容与形式，结合日常生活设计服务或应用需求，继续在强化感性价值创造的基础上，逐步深化创意产业中设计服务内涵的认知，创设基于经济学、管理学、心理学、人类学、社会学研究方法论等的相关科目，注重质化研究和量化研究相结合的知识化、模型化设计分析方法，并应用于设计理论与实践领域，以质化、量化分析的方法使设计研究方法量化、标准化，拓展并深化当前基于感性、主观、情感化设计为主要内容的传统设计，构建新型设计服务创新研究体系。例如，与商学院合作开设设计与经济学、管理学相结合的相关课程、讲座或新专业，培养符合市场与产业需求的人才，即懂设计、策划、管理、财务、市场、营销等复合型应用创新人才，以期更好地服务于创意产业的发展。

同时，应加大对深圳本土设计院校科研的扶持与投入的政策调整、资金力度，鼓励并支持与企业合作开展自主创新研发，推动深圳产业创新水平的不断提高，有针对性地根据创意产业人才需求状况，及时调整人才培养与交流机制，将设计、艺术、市场、媒介等要素与教育相融合，积极推动设计服务与创意产业学界与业界的深化合作，开展针对具体问题的应用研究与决策，建立多层次的人才培养机制，培植充分了解深圳本土特质的创意设计与产业管理策划人才，实现高校教育与产业需求的无缝对接。改变以往各自为政的局面，有利于以往体制外、边缘化的设计机构、设计师与政府、科研院所、企业的合作，如设计机构或设计师成为院校校外基地或合作导师，深化与产业的联系，拓展未来深圳设计服务业发展路径。

第五节 设计创新与政、产、学、研、用联动的机制举措

我们从发达国家或地区成功实践中可以看到，应由政府部门成立专门推进设计与产业融合的综合管理机构，通过制定国家产业振兴相关政策与规范的法律法规来对中小企业加以扶持，统一制定、审核、实施行之有效的设计创新与产业融合的"深圳设计服务辅导计划"。发展以设计为主导的产业链创新发展模式，协助产业界充分利用外部优质创意设计服务资源，为各领域企业经营者、设计创意从业人员、科技人才等跨产业打造综合交易、交流平台，营造一个可以让好创意、好设计发挥与实践的环境，形成设计与产业繁荣的协同创新发展机制，拓展设计服务助推产业的创新发展路径，推动设计服务与产业的融合机制的成熟与完善（图8-3）。

针对当前深圳中小企业的现状与实际需求，力图通过一系列具体设计创新政策、计划的扶持与规划举措，推动设计服务与产业的融合。这主要从观念创新、设计价值创新、推广价值三个层面（图8-4），依据企业需求而制订辅导计划的主题内容，协助导入设计战略或创新思维，开展设计经营管理与创新策略拟定、品牌转型与营销拓展、系统服务设计、生活美学与创意设计、跨领域整合、环保绿色可持续发展等六个方面的辅导内容，由综合管理机构出面组织设计专家资源，结合国内优质创意设计机构或创新单位，给予企业具体的指导与支持，协助企业在制定企业决策过程中导入设计创新思维。

在观念创新层面，积极协助企业争取政府辅导资源或基金资助，以及与深圳中小企业合作举办企业内部创新思维工作坊，通过设计价值应用，整合专业设计团队，聚焦市场趋势发展应用，规范并引导本地企业导入设计美学、服务系统设计、品牌形象等创新思维意识。

在设计价值创新层面，依据深圳本地企业在产业结构中对设计服务的实际需求，统筹整合优质设计资源，通过对企业愿景、产品属性、品牌定位、市场营销

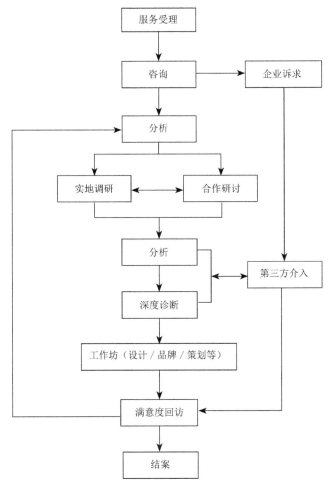

图8-3 设计服务与产业融合之"设计服务辅导计划"辅助机制

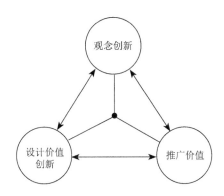

图8-4 设计服务与产业融合之"设计服务辅导计划"的主要层面

等方面的调研分析，开展主要包括组织与设计管理、品牌与视觉包装整合、创新产品开发、市场营销与推广、服务设计与场域规划等五个方向的设计服务、创意开发咨询与深度诊断。同时，协助本地相关设计服务机构研发创新设计概念与技术开发支援，利用共同主题组织企业与设计服务从业者，进行跨域合作交流，分享设计价值转化、转型成功的案例，促进设计与产业之间的跨领域合作、产业增值沟通交流，提供包括市场商机、创新营运模式、开发特色商品、消费者研究、营造体验情境、媒合通路品牌等内容，使中小企业利用设计服务开拓企业发展蓝海，而获得新商机与增强综合竞争力。

在推广价值方面，积极协助企业、设计机构报名参加国内外设计奖项申请、国际展会推广促销、设计产品的推广宣传，如Red dot design award/德国、iF design award/德国、IDEA/美国、Good Design Award/日本等奖项，不仅有利于树立优质企业设计形象，与全球杰出的设计机构、公司加强交流，增加消费者对深圳设计的消费信心与动力，而且有助于提高深圳本土品牌知名度、美誉度与国际竞争力。

未来深圳设计服务与政、产、学、研、用联动，关于"设计服务辅导计划"的细化，笔者认为可以从以下几个方面展开。

一、传统产业创新设计辅导计划

借助于设计创新实现深圳传统产业的优化升级，是获得可持续竞争力的重要途径之一。当前设计与产业沟通融合的最大挑战，在于设计语汇转化为管理者语汇的过程中存在障碍，来将设计创新提升到与技术创新、管理创新同等重要的地位，无法从管理创新的层面驱动企业发展，也无法充分意识到设计创新是企业创新战略的重要组成部分。设计服务以主题引导的方式，在企业本身植入设计创新的DNA，导入传统产业产品开发、企业策略制定、品牌建设过程，通过产业集聚效应，协助解决深圳传统产业所面临的问题，将设计创新开发理念与技术创新、管理创新、品牌创新相融合。从企业经营改善、品牌思维建立至营销推广创新等方面，制订企业参与传统产业创新设计相关辅导计划，深化本地企业经营者的创新管理观念与资源整合思维，其部分设计费可获政府经费补助，但需细化补助上限、经费分摊比例等内容。

另外，加强深圳传统产业技术产品新功能、新造型、新材料、新色彩等方面设计美学的开发，提供政、产、学、研、用对设计议题中关于色彩、材质、加工技术，以及设计趋势的共享资源数据库平台与各个资源端串联，以达到知识平台串联与合作交流的目的。从材质运用、造型设计、色彩规划、市场评估，以及消费市场和消费者习惯分析、市场区隔分析、定位分析、营销环境分析、市场规模评估、开发创新产品与通路规划可行性分析等方向给予建议。开展的辅导项目具体包含产业分析、产品开发策略、趋势主题引导、创新技术整合、创意产品设计、设计美学、机构设计、模型制作、模具设计、生产技术、绿色设计、人机界面设计、包装设计、通用设计、人因工程设计等内容，以提升传统产业创新开发的能力，以及现有设计服务与品牌规划，辅导产业朝高附加价值的开发模式转型，提供产业升级转型与企业管理的新契机，增强深圳传统产业创新性、独特性的综合竞争力。同时，亦能间接降低企业大举投资前的风险，协助企业应对外部环境变化可能带来的产业冲击。

二、设计行业的专业咨询及深度诊断辅导计划

面对深圳设计服务内需市场同质化竞争加剧，以及难以扩大规模等问题，充分发挥设计服务业强化产业链的统筹整合能力，拓展并优化设计创新经营管理模式与制度，规划制订相应的设计服务业辅导计划，协助设计机构解决发展过程中所面临的问题，助推深圳设计服务业转型升级与提高自身核心竞争力。根据本地设计机构提出的现阶段问题及需求，引入不同领域的专家与资源对接，分析市场与产业发展趋势，进行设计机构未来发展规划与建议改革方向，提供针对设计服务业的辅导计划与专业咨询、诊断服务，协助深圳设计企业提升设计服务业内、外部能量，并于诊断后，由专家团队提供设计服务业深度诊断辅导建议书。诊断项目包含评估公司经营管理与组织现况、人力分配、财务运用、设计资源整合、定位分析、开发创新产品、通路规划可行性等内容。

三、中小企业设计附加值特色发展计划

中小企业设计附加值特色发展计划主要辅导对象是针对深圳独具商业潜力的文创、时尚特色服务的中小企业品牌的现况与需求，通过服务特色调研及辅导，从消费者角度切入，将服务体验与设计创新辅导相结合，以消费者体验评价、用户研究的方式，协助中小企业评估服务品牌能量，以及归纳服务特色及价值，由专业团队指导中小企业实际执行改善措施，提出包含组织与设计管理、品牌与视觉整合、创新产品开发、市场营销与推广、服务设计与场域规划等五大模块内容。为企业提供包括产品、包装造型、功能、材质、服务等特质差异化的设计创新策略，以提升深圳产业中小企业服务创新思维及商机发现能力。

四、中小企业设计创新提升品牌价值辅导计划

好的设计是品牌发展的基石，好品牌需要好设计的传递与增值。品牌的培植，必须有效利用设计服务以获取竞争优势，并搭配良好的品牌策略与营销推广，如此才能创造出更为优质的深圳品牌特色与适应市场化需求。建立优质品牌的设计语汇，是深圳中小企业未来发展不可或缺的必要条件，也是协助深圳中小企业建立品牌发展计划的基石。

面对生产方式、生活方式与消费方式的改变，提高附加价值策略促进深圳产业优化转型，打造"中小企业运用设计创新提升品牌价值辅导计划"，辅导本地企业联动外部专业团队，运用设计导入美学与创意，融合品牌经营策略，塑造差异化品牌形象战略，通过实际案例辅导，培训适于深圳中小企业的创新设计与品牌管理人才，使企业朝高附加价值的品牌创新营运模式发展（图8-5）。"拟定中小企业品牌设计定位与品牌经营策略"——依据本地企业品牌发展策略规划需求，由受委托专业单位辅导完成相关研究计划工作，包括品牌发展相关的先期规划研究，如竞争品牌调查及分析、产品或服务趋势研究、品牌发展外部商业环境研究、品牌发展的消费者研究与技术（科技）规划研究、营销现况研究等；"品牌整合系统与发展规划"——依据企业品牌整合系统规划需求，由受委托专业单位辅导完成品牌架构规划及后续应用发展相关工作，包括品牌识别系统与后续企

业进行营销、宣传、展示、产品规划所需遵循的战略规划等；"建立品牌视觉识别体系的设计服务"——依据企业品牌设计规划需求，由执行单位辅导完成品牌设计相关工作，包括产品设计、企业形象设计、品牌形象设计、品牌命名、包装设计、展示设计、企业简介、产品型录、网页设计等；"品牌形象推广"——利用系列展览展会，推广优秀设计作品与设计师等创新机制，提升设计价值创新意识在企业、公众中的认知度。

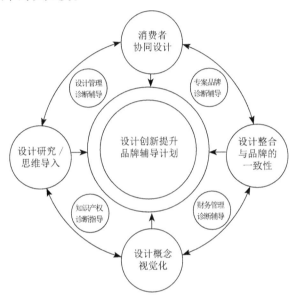

图8-5　中小企业设计创新提升品牌价值辅导计划

另外，建立基于政府背景的"品牌、包装及消费者体验"的设计交易、交流常态机制。根据深圳地方产业特色与设计整合性服务特点，将行业特色与设计服务相融合，促进深圳产业正确运用设计服务效能与创新策略，推动深圳中小企业品牌、包装视觉形象的转型与创新。跳出传统产业发展思维模式，为企业发展创造更高的附加价值与竞争力，打造深圳制造精致、优质、安全及文化等特色，拓展国际市场，强化外销产品形象。例如，举办产品品牌形象及包装设计综合辅导计划，每年评选10家具备外销能力的企业，协助其提升产品形象、改善产品包装设计，以提高产品附加价值及塑造深圳产品优良形象。其中，品牌策略发展占30%（品牌理念与定位设计策略）；品牌视觉识别系统设计占25%（品牌整体视觉设计创新度、品牌形象战略的系统联结性）；包装设计规划占20%与其他辅助营销宣传应用占15%（整体视觉风格展现、图文整合与色彩运用能力、设计实际效果评估、环保材料运用、成本核算等）；整体表现占10%（整体企划内容、文案叙述表达能力、答询表现、案例绩效、经费分析等），如TGA包装好农·品牌台湾辅导计划（图8-6）。

图8-6　TGA包装好农·品牌台湾辅导计划效果对比

五、旅游产品设计辅导计划

发展深圳地方特色产业、观光产业，设计开发深圳旅游商品的"观光=消费力"辅导计划。鼓励深圳各区努力发展历史性、文化性或独特性等潜力较大的地方产业特色，结合本地自然资源、人文资源或感动人心的深圳地方文化故事，加入创意的设计与营销，进行跨领域整合，强化设计导入机制，开发创造差异化市场特色产品。依据商品开发需求，与专业设计服务机构合作，共同制订深圳地方特色商品开发计划，使用者在设计项目执行期间向主办单位申请设计补助经费，由执行单位协助企业进行签约，办理初期审查、期中与期末监管等工作，监督设计项目进度与质量，并将成果移交给使用者进行后续量产，确保新商品的市场化渠道畅通，提升传统旅游产品的附加价值，引领深圳区域性创意产业风潮，共创深圳文化创意产业与设计服务业永续发展。

六、建立国际级设计产业博物馆

尊重及利用传统文化资产，遵循原创性、可逆性与可识别性三原则，设计服务人性化、生活化，不为设计而设计，坚持以人为本的设计理念。建立以设计为主轴，专业的深圳国际级设计产业博物馆，从衣、食、住、行、育、乐多角度，展现深圳文化、科技、生活等多样元素的融合创新，以及深圳创意产业成果，与深圳设计自身人文及创新精神理念，如平面、工业、家居、服装等设计创意与创新产品内容，并以此开发衍生新的创意产品，扩大深圳设计的综合影响力等。利用国际设计产业博物馆，搭建设计与产业交流融合的平台，使之成为连接公众、企业、设计服务之间交互式体验的桥梁，为人们提供有机、无负担的生活形态设计服务方案，成为深圳兼具创新、创意及教育意义的综合展演空间。

综上所述，发展创意产业中设计服务是推动深圳产业结构调整与转型，走可持续道路的重要路径。在企业战略转型过程中，应充分利用设计驱动产业转型契机，建立并制定相关政策、法规与多类别、多层次的复合人才教育体系，发挥各级协会机构的协作促进作用，积极打造区域性设计创新交易、交流公共服务平台，在业界、学界、公众中强化并培养设计创新意识，形成集合"政、产、学、研、用"多维度相结合的创新机制。同时，学习并借鉴先进产业的发展模式与管理理念，深化深圳创意产业国际化、高标准认识，提升整体创意产业的整体实力的路径、方法，推动深圳设计力量参与国际设计事务活动，全面提高深圳经济、社会、文化等领域的综合竞争力，加强可持续发展的深圳创意设计业生态系统建设。

结　语

自18世纪工业革命以来，以经济增长为中心，加速了物质财富转化的线性增长发展进程和产能的不断扩大，却忽视了资源与生态环境、不平等国际政治经济秩序等因素对社会经济发展的制约，造成线性投入、产出关系矛盾的加剧，给以价值创造为重要内容的经济、社会发展带来了全球性困惑，面临着新的历史跨越与转折。新时期，以新能源技术、网络信息技术、新材料技术等为主要标志的第三次科技革命的到来，推动了社会经济、政治、文化领域深层次的发展变革，经济社会的发展创新面临着新一轮的再定义、再设计、再架构、再制造、再消费、再利用、再循环等的闭环发展模式思考。产业发展从依靠自然资源转化的传统线性增长方式，向依靠知识创新、智慧资源闭环发展方式转变，以创新、创意、创造为重要内容的知识资本、智慧资源、网络经济，在知识创新的过程中起到越来越重要的作用与价值，进一步推动了产业创新的转型发展。

在信息技术创新、知识创新为重要内容的产业变革大背景下，自我控制、自我管理为主的IT（information technology）信息技术时代，开始走向以服务大众、激发生产力为主的DT（data technology）数据技术时代，为设计创新促进产业优化转型与提升综合竞争力，提供了有力的技术手段和支撑，也为设计服务与产业融合提供了更为广阔的空间与发展路径。以"互联网+"、"物联网"、大数据等为代表的知识创新内容的生产、运营、管理、消费，成为设计与产业融合的重要载体与渠道。传统意义上的设计逐渐演进为广义的现代"设计"，赋予了设计创新更多的内涵与外延，不再局限于形象、包装、美化、装饰、色彩等专业领域的视觉层面设计，消费者与服务对象的目标主体地位更加强化，设计创新服务已成为生产、生活中引导企业、社会、环境、用户需求建立正确价值观导向的重要驱动力。

2014年《国务院关于推进文化创意和设计服务与相关产业融合发展的若干意见》的发布，充分说明发展设计服务、促进产业转型升级这一重要举措，以及国家对设计创新的认识程度正式上升至国家战略层面。当前，在中国社会经济步入新常态背景下，关注和倡导设计的"社会责任及其背后的人文关怀和文化思考，聚焦其在服务国家社会发展大局和重大战略中的重要价值，阐明设计的时代立场与价值取向"[1]，以及在中国社会深层变革进程中的思考实践与社会责任、文化担当。时代的发展拓展并深化了设计服务驱动产业发展新的使命与要求，设计创新驱动作为知识创新资源的重要组成部分，是科技、经济、文化等诸多要素的统筹整合，成为产业发展至当前"创意产业"新阶段，利用"新技术、新材料、新模式、新产业、新业态"提升传统产业创新发展的重要驱动力。

在新的历史起点，未来发展以高知识性、高增值性和低能耗、低污染为特征的创意产业和设计服务与产业实体经济的深度融合，拓展了经济、社会、文化发展的新思维与新视野，优化了产业创新型经济发展新格局，促进了经济结构调整和发展方式的转变，是推动当前大众创业、万众创新经济转型的重要路径。作为创意经济新的增长点，发挥设计服务创新力与引导力的基本属性，改造并优化传统产业发展过程中的桎梏，提升产业附加值增效，增强产业综合竞争力，贯穿于经济、社会、文化各行业领域，承担着经济、社会、文化发展新常态下新的使命，"是促进产品和服务创新、催生新兴业态、带动就业、满足多样化消费需求、提高人民生活质量的重要途径"[2]。

从设计服务与产业、技术的发展关系来看，设计创新作为推动科技创新与产业变革的重要驱动力，在当下信息技术创新、知识创新、智慧发展引发产业变革的大背景下，进一步推进对产业中设计思维、方法创新与产业链融合的认识，重新定义了"创意产业"发展新阶段设计创新的语义内涵。创意产业和设计服务与相关产业融合，不是形成产业分类中新的产业门类，而是利用文化、技术、艺术等创新要素，渗透并融合于相关产业的融合性产业。设计作为融合工学、美学、社会学、心理学、经济学、管理学等众多学科的理论，逐渐发展成为注重风格美学、设计管理、用户体验、用户研究、服务设计、品牌形象战略等多重导向设计创新内容的综合学科。确立以设计创新为主导的产业价值链发展模式，有利于扭

---

[1]　陈晓红 . 沪深"抢跑"设计大展 艺术市场深耕创意产业 [N]. 上海证券报，2016-01-18.

[2]　国务院关于推进文化创意和设计服务与相关产业融合发展的若干意见 [Z]. 辽宁省人民政府公报，2014-04-08.

转当下浅层次提供视觉服务设计现状，拓展并深化设计服务领域延伸和服务模式升级，以及研发设计、品牌营销、产业价值链整合系统各环节的融合，向高端综合模块化、智能化、集成化的设计创新服务转变，成为公众接受技术、产品、服务、品牌核心的重要载体。设计创新发展作为量变向质变的演进过程，是实现科技创新、文化创新成果转化的重要路径，也是主客观创意、创新、创造相互交融的过程。

在当前互联网经济时代大背景下，产业间的智能化、联盟化、平台化、协同化分享等趋势愈发明显，给创意设计服务业带来了新的机遇与发展空间，进一步拓展并深化了设计服务业发展的新领域、新模式、新类型。设计与产业融合造就的"创意产业"，不是简单意义上的产业发展类型，而是融合创新科技、经济、文化发展的新型经济形态，是传统产业发展的高级进阶。我们应正视设计服务在创意产业中创立自主创新体系的价值与作用，设计服务所涉及的创意产业的方方面面，不能将理解局限于"设计"专业，简单、片面地理解为提供有关商品的装饰、造型、包装、标志形象等艺术化、情感化视觉表现；应理解为依靠设计手段实现消费型创意产品的商业转化；理解为发展消费型文化创意产业，以及工程或商业问题，即视为设计创新驱动产业发展的全部内涵认知。创意产业中设计创新以智慧、创意、创造、创新为核心生产力，作为"设计—产品化—产业化—品牌化"联动多重要素的系统工程，各要素之间不是孤立的，彼此互为补充又相互影响，借助信息技术、文化、管理、品牌、艺术等多重要素，与科技创新、管理创新、品牌价值创新、系统产业链创新、商业模式创新等相互交叉融合，通过设计服务实现相关领域的优化、转型、提升，推动技术、产业业态、商业模式等产业价值增值、增效与智慧创新，综合提升创新成果向以创意经济、智慧经济为重要内容的生产、生活跨越，进一步丰富、拓展当前对创意产业中设计驱动力的内涵与外延的认识，推动产业的健康、有序发展（如图1所示）。

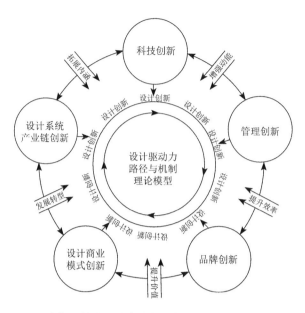

图1　设计驱动力路径与机制理论模型图

前文中关于创意产业和设计服务与产业融合关系的论述，是将设计创新发展模式向下渗透与技术创新、管理创新、品牌创新、商业模式创新，以及与产业中的生产、制造、营销、传播、渠道、消费、服务、回收等产业价值链综合环节要素的融合。笔者认为设计服务助推产业发展，可以分为三个维度加以理解和认识，首先是当下主流认知，即以英国创意产业类型为代表的"创意产业"，作为发展国民经济重要产业形式而存在。其次是通过对传统产业渗透与改造，丰富并拓展衍生产业形式与内容，进而延长产业生命周期，其实质是进一步深化并完善了系统产业价值链，如日、韩通过提升产品附加值的多种形式，拓展并延伸了产业价值链。最后是产业发展的规划设计，作为设计驱动产业发展的最高层级，是设计创新高端服务产业价值的高级形式，在充分发挥设计服务先导性与引领性的基础上，洞察并权衡在经济发展、社会进步过程中技术趋势、文化演进、人类社会进步等多重因素，重塑并优化传统竞争主体的创新竞争格局与产业发展理念，协同引导产业价值链各环节的全流程力量，整合信息化、网络化、工业化技术与商业资源，设计创新与产业融合带动的不仅是产品销售本身，而是创造全新的产业价值的原始本体，是对产业发展制度安排重要组成部分的非正式约束，以及未来经济、社会发展过程中经济价值、文化价值、消费价值、人文价值、可持续发展等综合价值取向的重构。

在实现从"中国制造"向"中国创造"的战略转型过程中，当前深圳产业发展阶段与日、韩等国产业发展部分过程有着较为类似的情形，都曾经历"批量生产、扩大规模、提高效率、降低成本、出口为主"，以谋求价格、利润制胜，并一度成为廉价"大路货"的代名词，但亦可以从其后来产业成功转型中，得到诸多有益启示。要摆脱传统依靠加工制造、大量仿冒"山寨"商品泛滥与粗制滥造的产业发展模式，综观发达国家或地区优秀产业的成功转型升级案例，充分印证了树立"设计立国"作为国家创新战略思想的正确性。由政府制定、扶持并实施设计服务与产业融合的"辅导计划"，大力发展设计创新系列举措，作为提升产业自主创新能力与竞争优势的重要手段，发挥设计创新在构建产业自主创新体系与培育自主品牌中的重要作用，促进设计创新与政、产、学、研、用相结合，利用设计创新产业化、集成化优势，带动设计服务向消费与市场价值的快速产品化、产业化，推进产业转型升级。例如，"英国政府专门成立'英国设计委员会'，并开展'设计顾问计划'和'扶持设计计划'"[1]，积极利用设计创新推动产业发展；德国作为现代设计的发源地，能够在战后迅速崛起，与其重视并扶持产业中设计创新，而形成强大的竞争力不无关系；美国通过在联邦机构内设立"国内设计部"，成为最早实现设计职业化的国家；"日本通产省设立政府背景的'设计政策办公室'，由下设机构'产业设计振兴会'"评定国家级"优秀设计奖"[2]，并将每年的10月1日确定为"日本设计日"，使生产、生活中使用优秀设计创新成果，成为产业、社会、公众的普遍认同。

此外，设计创新与产业的融合，以及细化驱动产业发展的思路，同时需要政府、企业主体、产业园区、高等院校与研究机构等政、产、学、研、用多方联动，重视原创设计与科技成果的转化，着重加强设计知识产权保护制度建设与监

---

[1] 认真贯彻落实"指导意见"全力推动我国工业设计产业健康快速发展：中国工业设计协会会长朱焘在工信部"促进工业设计发展工作座谈会"上的发言 [Z]. 工业设计，2011-02-15.

[2] 认真贯彻落实"指导意见"全力推动我国工业设计产业健康快速发展：中国工业设计协会会长朱焘在工信部"促进工业设计发展工作座谈会"上的发言 [Z]. 工业设计，2011-02-15.

管，以及开展"设计辅助计划"的支持、奖励方法与财税基金扶持政策等措施，进一步推进产业发展中新技术、新材料、新工艺、新需求、新领域的设计创新应用研究，实现集聚设计、技术研发、营销、管理等多学科交叉的设计创新，与其他产业项目的无缝对接升级，向高层次综合设计服务战略转型，营造具有开放、包容的设计创新氛围，使设计创新成为主导产业发展创新的引领者、组织者、实践者、探索者，实现设计服务助推产业创新转型升级。如前文所述，依据设计服务业的历史使命，还包括"设计师的设计师"而开展的设计创新教育，不但要"授人以鱼"，更应"授人以渔"，注重"术"与"道"的协同并进发展，以改变当前设计服务被动适应产业、社会发展需求，转向以设计创新引爆并驱动创新市场、产业的转型变革，凸显设计创新的人文、经济与社会等综合价值。

从微观角度来讲，深圳未来创意产业的发展，要突破土地、人口、能源等刚性资料束缚，改变目前深圳产业扩张增长模式注重数量、规模，以及"大而不强"的局面，不能单纯一味地发展消费型创意产业或以金融业为主导产业，应充分重视制造业在推动产业发展中的比重，否则极易产生"经济泡沫"与繁荣"幻象"。设计创新服务于产业发展作为制造业的重要核心内容，能够有效地统筹生产要素资源，延长产业生命周期，强化设计以创新为主导的产业价值链，是推动产业转型与提升产业竞争力的关键要素，在产业发展过程中有着点石成金的"魔法棒"效应。就深圳产业发展现状而言，设计创新与产业融合，一方面可以通过设计创新的引领作用，实现传统行业转型升级，充分重视设计创新共性关键技术研发，利用设计创新改造传统制造业、战略新兴产业、现代服务业；另一方面，可以实现未来软件、集成电路、3D打印、智能穿戴设备等先进制造工业化与信息化的深度融合，着重发展设计导向型、密集型行业，重视国际交流与合作，推动设计创新与新业态跨界创新、平台创新、集成创新等创新发展模式相结合，优化并提升传统产业产品质量战略与品牌战略体系，凸显设计创新在"制造强国"战略中的历史重任，走注重高质量、高效益、轻资产、高成长的可持续品牌经济之路。

创意设计创新与品牌创新、管理创新、商业模式创新、系统产业链创新的融合，作为一个全方位的立体创新系统工程，是各行业各领域灵感、知识碰撞与分享协作的过程。借助当下大众创业、万众创新的政策，注重各产业模块内外跨界资源的统筹整合，积极发展以全流程设计、集成设计、协同创新设计等众筹、众创、众包为内容的创新发展模式。另外，当前各地区以创意产业为载体，积极开展各种类型的文化创意形式与内容实践，绝对不能盲从跟风，应充分统筹考虑当地实际技术资源、业态发展现状与当前面临的问题等情况，确立适合于自身产业发展的路径。若地区经济综合水平较高，可优先发展以高新信息技术为重要内容的创意产业为主导产业，统筹整合跨领域、跨行业先进技术、设计、商业模式等资源联动发展，加强各产业链联盟体系的交叉与融合，打造设计服务创新的生态系统；若地区经济综合发展水平不高，不具备发展高科技信息化产业能力，但人文、自然资源较为深厚，可在拓展深化传统产业改造升级的基础上，着力发展以文化创意产业衍生价值链为主导的发展模式，扩大内需以引导消费升级，促进经济、社会、文化的繁荣进步。

创意产业和设计服务与相关产业的融合研究作为新的研究领域，是对设计与产业之间产业系统与空间结构的复杂性认识。受主客观因素的制约，笔者只是对深圳文化创意产业和少数具有代表性企业或个人进行调研访谈，未就具体某一产业或集聚现象加以案例式的深度剖析，缺少有关深圳创意产业的量化研究，尚属粗线条阶段，所做研究难免有"管中窥豹，只见一斑"不足之处，希望今后在此理论研究构架基础上，能够进一步丰富、深化、完善相关理论研究。

参考文献

[1]约翰·霍金斯.创意经济:如何点石成金[M].洪庆福,孙薇薇,刘茂玲,译.上海:上海三联书店,2007.

[2]李砚祖.设计研究:设计产业与设计之都[M].重庆:重庆大学出版社,2001.

[3]乐正,王为理.深圳与香港文化创意产业发展报告(2010)[M].北京:社会科学文献出版社,2010.

[4]理查德·E.凯夫斯.创意产业经济学:艺术的商业之道[M].北京:新华出版社,2004.

[5]许平,刘爽."考克斯评估":一个反思创意产业战略的国际信号[J].装饰,2008(10):54-59.

[6]许平.公共服务设计机制的审视与探讨:以内地三城市"设计为人民服务"活动为例[J].装饰,2010(6):18-21.

[7]迈克尔·波特.国家竞争优势[M].北京:华夏出版社,2002.

[8]王晓红,于炜,张立群,等.中国工业设计发展报告(2014)[M].北京:社会科学文献出版社,2014.

[9]马泉.综合就是创造[J].装饰,2002(5):68-69+29-31.

[10]马泉.中国广告创意设计的现状和发展趋势[J].装饰,2002(3):11-12.

[11]蒂姆·布朗.IDEO,设计改变一切[M].侯婷,译.北京:万卷出版公司,2011.

[12]黄斌.北京文化创意产业空间演化研究[D].北京:北京大学,2012.

[13]派恩,吉尔摩.体验经济[M].毕崇毅,译.北京:机械工业出版社,2012.

[14]林磐耸.企业识别系统/CIS[M].台北:艺风堂出版社,1988.

[15]哈特利.创意产业读本[M].曹书乐,包建女,李慧,译.北京:清华大学出版社,2007.

[16]杭间.设计道[M].重庆:重庆大学出版社,2009.

[17]海军,邵健伟.设计交锋[M].重庆:重庆大学出版社,2012.

[18]海军.中国设计产业竞争力研究[J].设计艺术(山东工艺美术学院学报),2007(2):14-17.

[19]陈汗青,柳冠中.工业设计与创意产业:中国科协年会工业设计分会论文选集[C].北京:机械工业出版社,2007.

[20]陈雪颂,陈劲.设计驱动式创新:一种面向消费社会的创新理论[J].演化与创新经济学评论,2011(1):123-131.

[21]托马斯·弗里德曼.世界是平的:21世纪简史[M].何帆,等译.长沙:湖南科学技术出版

社,2013.

[22]保罗·利文森.软边缘:信息革命的历史与未来[M].熊澄宇,等译.北京:清华大学出版
社,2002.

[23]杰夫·豪.众包:群体力量驱动商业未来[M].牛文静,译.北京:中信出版社,2011.

[24]莫智勇,吴冠英.创意产业下中国式动漫的发展趋势[J].装饰,2006(6):7-8.

[25]艾伯特·拉斯洛·巴拉巴西.爆发:大数据时代预见未来的新思维[M].马慧,译.北京:中国
人民大学出版社,2012.

[26]凯瑟琳·贝斯特.美国设计管理高级教程[M].上海:上海人民美术出版社,2007.

[27]厉无畏.创意改变中国[M].北京:新华出版社,2009.

[28]厉无畏.创意产业导论[M].上海:学林出版社,2006.

[29]厉无畏,王慧敏.创意产业新论[M].上海:东方出版中心,2009.

[30]厉无畏,王振.转变经济增长方式研究[M].上海:学林出版社,2006.

[31]厉无畏,王振.科学发展观与新一轮经济增长[M].上海:学林出版社,2005.

[32]厉无畏,王振.中国产业发展前沿问题[M].上海:上海人民出版社,2004.

[33]厉无畏.创意产业:转变经济发展方式的策动力[M].上海:上海社会科学院出版社,2008.

[34]厉无畏,王如忠.创意产业:城市发展的新引擎[M].上海:上海社会科学院出版社,2005.

[35]张航,周利群,江敬艳.创意产业发展与创新创业团队培育:以深圳地区为例[M].武汉:武汉
大学出版社,2014.

[36]彭立勋,乌兰察夫.文化科技结合与创意城市建设:2010年深圳文化蓝皮书[M].北京:中国社
会科学出版社,2010.

[37]朱铭,荆雷.设计史:下册[M].济南:山东美术出版社,1995.

[38]尹定邦.设计学概论[M].长沙:湖南科学出版社,2001.

[39]李砚祖.造物之美[M].北京:中国人民大学出版社,2000.

[40]柳冠中.当代文化的新形式:工业设计[J].文艺研究,1987(3):72-84.

[41]徐恒醇.设计美学[M].北京:清华大学出版社,2006.

[42]杭间.设计的善意[M].桂林:广西师范大学出版社,2011.

[43]杭间.文化创意产业是一把双刃剑[J].美术观察,2007(8):25.

[44]柳冠中.事理学论纲[M].长沙:中南大学出版社,2006.

[45]李珂,何洁.以设计伦理为导向的设计管理研究[C]//清华大学美术学院工业设计系.设计驱动商业创新:2013清华国际设计管理大会论文集(中文部分).北京:北京理工大学出版社,2013.

[46]罗仕鉴,胡一.服务设计驱动下的模式创新[J].包装工程,2015,36(12):1-4+28.

[47]罗珉,李亮宇.互联网时代的商业模式创新价值创造视角[J].中国工业经济,2015(1):95-107.

[48]覃京燕.大数据时代的大交互设计[J].包装工程,2015,36(8):1-5+161.

[49]刘平,梁新华.日本发展创意设计促进自主创新的举措[J].科技管理研究,2011,31(2):10-13.

[50]许平.设计为人民服务:基于全民共享与民主参与的广义设计论[C]//设计:改变力量:2011深圳设计论坛暨设计邀请展.合肥:安徽美术出版社,2014.

[51]金元浦.文化创意产业概论[M].北京:高等教育出版社,2010.

[52]邹其昌.关于中外设计产业竞争力比较研究的思考[J].创意与设计,2014(4):19-27.

[53]周鸿祎.周鸿祎自述:我的互联网方法论[M].北京:中信出版社,2014.

[54]郭雯,张宏云.国家设计系统的对比研究及启示[J].科研管理,2012,33(10):56-63.

[55]张京成.中国创意产业发展报告[M].北京:中国经济出版社,2013.

[56]唐纳德·诺曼.情感化设计[M].付秋芳,程进三,译.北京:电子工业出版社,2005.

[57]夏学理,杨敏芝.创意空间:文化创意产业园区的理论与实践[M].台北:五南图书出版股份有限公司,2009.

[58]苏宏伟.有时候,不"创新"却是最好的创新:访清华大学教授、博士生导师、百泰首饰品牌文化顾问黄维[N].中国黄金报,2010-12-14(2).

[59]夏学理.文化创意产业概论[M]台北:五南图书出版股份有限公司,2008.

[60]许平.关怀与责任:作为一种社会伦理导向的艺术设计及其教育[J].美术观察,1998(8):4-6.

[61]邱松.创新与管理:基于品牌战略的创新设计[J].装饰,2014(4):27-31.

[62]刘新.从末端到源头:垃圾追踪与产品服务系统设计[J].装饰,2013(6):22-25.

[63]李海舰,田跃新,李文杰.互联网思维与传统企业再造[J].中国工业经济,2014(10):135-146.

[64]刘登佐.创意经济风险管理研究[D].长沙:中南大学,2010.

[65]刘曦卉.英国设计产业发展路径[J].设计艺术(山东工艺美术学院学报),2012(2):45-47.

[66]何洁,靳埭强.杭间.岁寒三友:诗意的设计[C].沈阳:辽宁美术出版社,2006.

[67]陈伟雄.中国创意竞争力研究[D].福州:福建师范大学,2013.

[68]郑晓东.创意城市的路径选择[D].上海:上海社会科学院,2008.

[69]郭梅君.创意产业发展与中国经济转型的互动研究[D].上海:上海社会科学院,2011.

[70]张涵.经济社会发展中的文化产业问题研究:兼谈中国文化产业发展[D].青岛:山东大学,2009.

[71]褚劲风.上海创意产业集聚空间组织研究[D].上海:华东师范大学,2008.

[72]金元浦.三大设计之都引领中国创意设计走向世界[J].中国海洋大学学报(社会科学版),2014(5):31-38.

[73]陈颖.创意产业集聚区环境对创意企业竞争优势的作用机制研究[D].上海:东华大学,2011.

[74]厉无畏,王慧敏.创意产业促进经济增长方式转变:机理·模式·路径[J].中国工业经济,2006(11):5-13.

[75]兰建平,傅正.创意产业、文化产业和文化创意产业[J].浙江经济,2008(4):40-41.

[76]洪涓,刘更生,孙黛琳,等.北京与伦敦文化创意产业发展比较研究[J].城市问题,2013(6):38-41+61.

[77]胡晓鹏.技术创新与文化创意发展中国家经济崛起的思考[J].科学学研究,2006(2):125-129.

[78]陈其端.论服务设计的"全"视角价值[J].南京艺术学院学报(美术与设计版),2012(4):141-144.

[79]代明,代毅.对深圳产业结构现状与定位的反思[J].特区经济,2003(1):9-12.

[80]赵放,曾国屏.全球价值链与国内价值链并行条件下省略的联动效应:以深圳产业升级为案例[J].中国软科学,2014(11):50-58.

[81]祝帅.当代设计研究的范式转换、理论、实务与方法[J].美术研究,2013(2):47-51.

[82]祝帅."创意产业"的形成与建构[J].广告大观(理论版),2008(1):54-59.

[83]郑斌.当代中国艺术设计产业链发展现状及特点[J].中国包装,2014(3):27-28.

[84]许平.创意城市与设计的文化认同:关于设计与创意产业发展政策的断想[J].南京艺术学院学报(美术与设计版),2007(1):29-33+161.

[85]李一舟,唐林涛.设计产业化与国家竞争力[J].设计艺术研究,2012,2(2):6-12+26.

[86]黄维,杨志.文化创意提升企业自主品牌力[J].艺术百家,2010(5):12-16+52.

[87]潘鲁生.传统文化资源转化与设计产业发展:关于"设计新六艺计划"的构想[J].山东社会科学,2014(6):87-92.

[88]石晨旭,祝帅.平面设计产业竞争力研究的学科内涵与理论框架[J].设计艺术研究,2011(4):

79-84.

[89]柳冠中.急需重新理解"工业设计"的"源"与"元":由产业链引发的思考[J].艺术百家,2009(1):99-108.

[90]王敏,周举.设计,改变的力量:2011深圳设计论坛暨设计邀请展于深圳举行[J].艺术教育,2012(1):17-18.

[91]吴金明,邵昶.产业链形成机制研究:"4+4+4"模型[J].产业经济,2006(4):36-43.

[92]杨志,黄维.深圳市创意设计产业发展现状与对策研究[J].艺术百家,2010(1):7-11+174.

[93]薛晓源,曹荣湘.全球化与文化资本[M].北京:社会科学文献出版社,2005.

[94]祝帅,郭嘉.创意产业与设计产业链接关系的反思[J].设计艺术研究,2011,1(1):19-24.

[95]田少煦,孙海峰.创意设计的发展走向与核心竞争力[J].深圳大学学报(人文社会科学版),2010,27(3):136-141.

[96]徐仲伟,周兴茂,谈娅.关于文化创意产业的几个基本理论问题[J].重庆邮电大学学报(社会科学版),2007(6):60-66.

[97]孔建华.北京798艺术区发展研究[J].新视野,2009(1):27-30+60.

[98]于雪梅.柏林与上海文化创意产业发展比较[J].上海经济,2005(S1):72-76.

[99]高俊光.产业技术创新对深圳产业结构升级的影响[J].哈尔滨工业大学学报(社会科学版),2007(7):125-128.

[100]厉无畏.文化资本与文化竞争力[N].文汇报,2005-05-24.

[101]柳冠中.原创设计与工业设计产业链创新[J].中国制造业信息化:应用版,2008(22):44-48.

[102]陈汗青,邵宏,彭自立.设计管理基础[M].北京:高等教育出版社,2009.

[103]邢华.文化创意产业价值链整合及其发展路径探析[J].经济管理,2009(2):37-41.

[104]刘友金,赵瑞霞,胡黎明.创意产业组织模式研究:基于创意价值链的视角[J].中国工业经济,2009(12):46-55.

[105]于平,傅才武.中国文化创新报告(2010)[M].北京:社会科学文献出版社,2009.

[106]于珺.深圳的经济转型和产业升级[J].开放导报,2013(2):24-27.

[107]MAGER B. Service design. A review International School of Design[Z]. Koln:KISD, 2004.

[108]HOLLINS G, HOLLINS B.Total Design:Managing the Design Process in the Service Sector[M]. London: Pitman,1991.

[109]COTTAM H. LEADBEATER C. RED:paper 01:Health: Co-creating services[M].

London:Design Council,2004.

[110]HOWKINS J.The Creative Economy:How People Make Money from Ideas [M]. London:Allen Lane,2001.

[111]AL−DEBEI M M,AVISON D.Developing a Unified Framework of the Business Model Concept[J].European Journal of Information Systems,2010,19:359−376.

[112]STAN A.Points+Lines:Diagram sand Projects for the City [M].New York:Princeton Architectural Press,1999.

[113]BÉLANGER P.Airspace:The economy and ecology of land filling in Michigan[M].New York:MIT Press,2006.

[114]Center for Health.Environment & Justice.Love Canal[EB/OL].http://www.chej.org/ documents/love_canal_fact pack.pdf.

[115]ADORNO T.The Culture Industry[M]. New York:Routlege,1991.

[116]ADORNO T,Horkhemier M.Dialectic Of Enlightenment[M].London:New Left Books,1979.

[117]BAILEY N,BARKER A.City Challenge and Local Regeneration Partnerships: Conference Proceedings[M].London: Polytechnic of Central London,1992.

[118]BASSETT K.Urban Cultural Strategies and Urban Regeneration:a case study and critique[J]. Environment and Planning A,1993(25):1773−1778.

[119]BASSETT K.Partnerships,business elites and urban politics: new forms of governance in an English city?[J].Urban Studies, 1996,33: 539−555.

[120]BIANCHINI F,PARKINSON M.Cultural Policy and Urban Regeneration[C]//Philip C.Localities−The Changing Face of Urban Britain.UK:Unwin Hyman Ltd.,1989.

[121]GRIFFITHS R.Cultural Strategies and New Modes of Urban Intervention[J]. Cities,1995,12(4): 253−265.

[122]BELL D.The Coming of Post−Industrial Society: a Venture in Social Forecasting[M].New York:Basic Books,1973.

[123]FRIEDMAN J. The world−city hypothesis[C]//Knox P L,Taylor P J. World Cities in a World−System.Cambridge:Cambridge University Press,1995.

[124]GIDDENS A.Modernity and self identity[M]. Cambridge:Polity Press,1991.

[125]HARVEY D.The Condition of Post modernity[M].Oxford: Basil Blackwell,1989.

[126]HARTLEY J.Creative Industries[M].Carlton: Blackwell Publishing,2005.

[127]STOKES J.The Media in Britain: Current Debates and Developments[M].London:Palgrave Macmillan,1999.

[128]MCCARTHY J. Reconstruction, regeneration and re-imaging the case of rotterdam: the case of rotterdam[J].Cities,1998,1:337-344.

[129]MEETHAN K .York:managing the tourist city[J].Cities,1997(6):333-342.

[130]LASH S,URRY J.Economics of Signs and Space[M].London:Sage,1994.

[131]LAW C M.Urban tourism and its contribution to economic regeneration, Urban Studies[M]. London: Routledge,1992.

[132]MARTIN B,SZCLENYI I.Beyond Cultural Capital: toward a theory of symbolic domination [M].London:Sage Publications,1987.

[133]PORTER M E.U. S. Competitiveness 2001: Strengths,Vulnerabilities and Long-Term Policies[Z].2001.

[134]FLORIDA R.The rise of the creative class: and how it's transforming work,leisure,community and everyday life[M].New York: Basic Books,2002.

[135]THROSBY D.The Production and Consumption of the Arts: a View of Cultural Economics [J].Journal of Economic Literature,1994,32:1-29.

[136]THROSBY D.Culture,Economics and Sustainability[J].Journal of Cultural Economics,1995,19: 199-206.

[137]DEREK W.The Culture Industry[M].Burlington:Ashgate Publishing Company,1992.

[138]ZUKIN S. The Culture of Cities[M].London: Blackwell, 1995.

[139]ZUKIN S.Landscapes of Power-From Detroit to Disney World[M].California: University of California Press,1988.

[140]ZUKIN S.Loft Living: Culture and Capital in Urban Change[M].New Jersey: Rutgers University Press,1989.